不强势的勇气

如何控制你的控制欲

何圣君◎著

人民邮电出版社

北京

图书在版编目（ＣＩＰ）数据

不强势的勇气 ： 如何控制你的控制欲 ／ 何圣君著
. －－ 北京 ： 人民邮电出版社，2023.12（2024.4重印）
ISBN 978-7-115-62791-9

Ⅰ．①不… Ⅱ．①何… Ⅲ．①情绪－自我控制 Ⅳ.
①B842.6

中国国家版本馆CIP数据核字(2023)第187546号

♦ 著　　　　何圣君
责任编辑　朱伊哲
责任印制　周昇亮

♦ 人民邮电出版社出版发行　　北京市丰台区成寿寺路 11 号
邮编　100164　　电子邮件　315@ptpress.com.cn
网址　https://www.ptpress.com.cn
天津千鹤文化传播有限公司印刷

♦ 开本：880×1230　1/32
印张：6.375　　　　　　　　2023 年 12 月第 1 版
字数：114 千字　　　　　　2024 年 4 月天津第 10 次印刷

定价：59.80 元
读者服务热线：**(010)81055296**　印装质量热线：**(010)81055316**
反盗版热线：**(010)81055315**
广告经营许可证：京东市监广登字 **20170147 号**

前言　控制欲陷阱
——请别用爱去伤害

很高兴你能打开这本书，在你正式开始阅读之前，我想和你一起做一个思想实验。

想象你现在和你的母亲一起走进一家服装店，你看中一条裙子，正当你打算试穿的时候，母亲拿起另一条让你试穿，还说："你手上的那条颜色太亮了，听我的，准没错。"

穿上后，你照了照镜子，觉得并不喜欢这种风格，但母亲却相当满意。接着，在店员和母亲一致认为你穿这条裙子好看的气氛下，你勉强扫码支付，买下了这条并不称心的裙子。

好了，思想实验告一段落。我想请你感受一下，你此时的心情如何？如果这件事真实发生在现实生活中，你会选择和母亲在店里大吵一架后拂袖离去，还是默默忍受、不敢反驳？

是的，当一个孩子在面对充满控制欲的母亲时，他的感受和你在这个思想实验结束后的感受是差不多的。只不过，作为一个孩子，他还很弱小，哪怕选择大吵一架，也可能不仅无法获得自己想要的结果，接下来大概率还会吃更多苦头。而且，在强控制欲母亲的身边待得越久，孩子会变得越弱小，直到有一天，孩子会下意识地选择彻底放弃他的自主意识，然后对自己的母亲越来越恭顺，越来越讨好。

奥地利心理学家、人本主义心理学先驱阿尔弗雷德·阿德勒就曾说：

> 在一个家庭中，如果母亲的角色富于权威性，对家里人始终有很强的控制欲，她的女儿很可能会变得刻薄、挑剔；她的儿子则更可能变得防卫心很重，战战兢兢、担心受到批评，并且尽量寻找机会对母亲恭顺。

无论是女儿还是儿子，如果他们变成阿德勒说的样子，试问，这是你想要的吗？没错，我猜你的理性已经告诉自己，**控制欲过强的爱，显然并不是爱。人们常犯的一个错误，就是试图以爱之名改造他人，但现实情况却又与人们期待的样子背道而驰。**

所以，如果你已经感觉到自己的身体里经常有一股控制欲在涌动，也已经意识到自己的控制欲是个陷阱，会以爱的名义造成伤害，并能体会到这份切肤的痛苦，那么，这就是"控制控制欲"的一个极好起点。

与此同时，我猜你内心的另一个声音会说："其实我也不想有那么强的控制欲，但现实生活又逼得我不得不去控制，因为在这个家庭中，如果我不操心，家里的'甩手掌柜'也很难操起心来。所以，**明明知道控制欲对孩子不好，但面对老公的不作为，面对孩子各种磨磨蹭蹭，'催吼唠叨'也不管用，我根本就没有掌控感，只有选择成为自己母亲的翻版这一条路。尽管我深知其害处，尽量避免，但也总是会由于情绪失控，不由自主地表现出强控制欲。**"

我想说，这没有关系，因为**"后知后觉"已经比"不知不觉"强太多了**，而且，既然你已经读到了这里，就说明**你很勇敢，拥有直面自己控制欲的勇气和动机**。

斯坦福大学著名的提出人类行为模型的教授 B.J. 福格博士认为，**任何"行为"都由"动机"、"能力"和"触发"3 个因子组成**，即行为（Behavior）= 动机（Motivation）× 能力（Ability）× 触发（Trigger），动机、能力、触发这 3 个因子共同造成了一种行为的发生。

如果你有这样的"动机"，使用本书提供的解决问题的策略（"能力"），再通过一定的行为设计来增加"触发"，那么，任何一种好的行为都可以出现，并最终成为你的习惯。

在这本书里，我会和你分享许多读完就能立刻践行的策略。

比如马上要吃饭了，你让孩子来吃饭，可他就是坐在沙发上不动。你的控制欲大概率立马就被激发出来了。按照以往，你极有可能会走过去拿起遥控器，直接关掉电视；如果孩子把遥控器捂在怀里，你会一把拔掉电视的插头。

但，这样能解决问题吗？孩子会不会站起来和你说"我不饿"，然后就把自己锁在房间里呢？退回到这个场景的最开始，你该怎么办呢？

我把接下来的这种解决方案称为**"选择权策略"**。

你可以在饭菜做好前的 10 分钟说："阿宝，你要在 5 分钟后吃饭，还是 10 分钟后吃饭呀？"

这时，孩子可能会说："10 分钟后吧。"孩子觉得自己占到了"便宜"，而你则通过"选择权策略"不留痕迹地引导了孩子，帮助他做好了时间安排。

这就是母亲放下自己的控制欲（情绪），转而通过策略来解决问题的智慧。

这些行之有效的策略在这本书里还有很多。

本书分为 5 个部分。

01 直面控制欲,讲的是"为什么"。我会帮你厘清:控制欲的本质是什么?那些被过度控制的孩子会有些什么特点?你的孩子目前可能处于什么阶段?控制型父母的典型特征有哪些?我将和你一起由表及里、系统性地了解控制欲。

02 给自己松绑,讲的是"怎么做"。其中包含如何处理突然到来的想要控制的情绪,如何降低长期控制与现实矛盾带来的精神内耗,如何通过变换语言引导和说服别人,如何通过降低期待的策略提升亲子间的幸福感,等等。

03 控制欲"上头"十大场景,讲的是"应用"。其中包含你在面对高频困境时的具体解决方案,让你在面对孩子磨磨叽叽不学习、在学校被欺负,孩子的作业变成你的功课等具体的困境时,不用情绪,用好策略。

04 降低控制欲,讲的是"工具"。我会和你分享经过脑科学和心理学验证的 3 种实用工具,让你通过阅读就能习得和运用心理治疗师的"压箱底武器"。

05 高情商策略,讲的是"场景"。这次,我们将一起转过身,直面具有强控制欲的对手,你可以通过阅读这部分内容学会如何与他们舒服地共处。

是的,本书不仅会帮助你理解什么是控制欲,习得控制控制欲的能力，也会帮助你运用策略来完成自己与他人都乐于接受的过程并享受其结果。

最后，我想和你分享一个金句：父母之于孩子，应如灯盏，而非拐杖。

如果你也认同这句话，那么接下来就让我们开启这趟控制自己控制欲的旅程，一起成为指引孩子前行的灯盏吧！

何圣君

目录

01 | 直面控制欲
你在害怕什么？

02 | 给自己松绑
放过自己，治愈家人

03 控制欲"上头"十大场景
别用情绪，用好策略

04 | 降低控制欲
你需要的 3 种工具

05 | 高情商策略
如果你也在忍受他人的控制欲

01

直面控制欲

你在害怕什么？

为什么你总是想事无巨细地控制孩子？

　　曾有一部短剧《你的孩子不是你的孩子》风靡一时。在这部短剧的第一单元《妈妈的遥控器》中，单亲妈妈独自将男孩抚养长大，受尽了辛苦；与此同时，妈妈的性格十分强势，男孩的成绩每次只要稍有下滑，家里总免不了一场"腥风血雨"。

　　男孩想参加学校组织的毕业旅行，被妈妈拒绝了。万般无奈之下，男孩只能选择修改成绩单，想用漂亮的成绩让妈妈同意。但是没想到，这个错误的行为被妈妈发现了。

　　妈妈使用了神奇遥控器，把时间拨回男孩修改成绩单的那天，希望男孩主动认错。可是，**妈妈从没想过男孩为什么要修改成绩单。没有自己强势控制的"因"，哪有孩子心理扭曲的"果"**？

　　不仅如此，男孩认识了一个女孩，两人在一起非常开心。可女孩并不是妈妈喜欢的类型，妈妈又用神奇遥控器把时间拨回男孩认识女孩之前的那一天。最后，男孩忍无可忍，用"把命还给妈妈"的方式来表达内心深处的抵抗。

适度控制 vs 事无巨细地控制

这虽然只是个故事，但却诉说了"控制"这个家庭教育中不可回避的话题。

适度控制，比如在孩子年纪尚小、乱穿马路的时候紧紧拽住他的小手，或者限制孩子使用电子设备的时长，等等。这些都是父母责任心的体现，能帮助孩子免受伤害，防止他们蹉跎光阴。

但凡事皆有"度"，事无巨细地控制，比如干涉孩子穿哪件衣服、吃什么饭菜、看什么书、和谁交朋友、写什么日记等，则都是对孩子控制过度的体现。这样做，表面上看起来就如同父母经常说的那句话："我都是为了你好。"但其实，这不仅会妨碍孩子的自我发展，而且会在焦虑和压抑的氛围下，给孩子造成影响一生的灾难。

可是，为什么很多父母总是想事无巨细地控制孩子呢？归纳起来，主要有以下 3 个原因。

原因一：缺乏边界感

心理学家曾奇峰有一个比喻：**悬崖的边界很清楚，所以我们不会靠得太近；但深水区与浅水区的分界比较模糊，所以经常会淹死人。**

究竟什么是边界感？它是指个体对自己和他人之间的界限的感知和理解，是"让你的事归你，我的事归我"。

杨绛先生在选择专业的时候，曾咨询过自己的父亲，但父亲却并没有告诉她该选什么，而是说："**喜欢的就是性之所近，才是与你最相宜的，你应该选择你喜欢和有兴趣的。**"

后来，如你所见，杨绛先生选择了文学，并最终成为优秀的作家，留下了《走到人生边上——自问自答》《我们仨》《"隐身"的串门儿》等脍炙人口的著作。杨绛先生有一位有边界感的父亲，她是幸福的。

而反观很多父母，总是认为孩子和自己是一体的：不仅随意进入孩子的房间，偷看他们的日记或者微信聊天记录，甚至在孩子已经明显表现出反感后依旧觉得没什么大不了；在孩子面临填报中、高考志愿时更是变本加厉，他们生怕自己一身的经验被白白浪费了，于是轻则在孩子面前指手画脚，重则悄悄修改孩子的志愿（这是违法的！）。

国内知名商业顾问刘润曾说：没有边界感，即便长大了，也是一个"巨婴"。父母做出这样的行为，大概率没有恶意，只是因为缺乏边界感。

原因二：缺乏安全感

所谓安全感，是指个体对自身和周围环境的安全和稳定程度的感知和理解。具有安全感的人能对自己和周围的人和事物感到安全和信任，并能够适应和应对变化与挑战。安全感强的人不仅能自我肯定，表现出自信和自立，哪怕在压力和困难面前，也能随时保持从容和淡定。

相反，缺乏安全感的人则更容易感到焦虑、不安和恐惧，并且很难适应和应对变化与挑战。由于缺乏自我肯定和自信，他们对自己和周围的事物缺乏信任和安全感，并且在面对压力和困难时会感到无助和无能。

因此，**如果父母中的任何一方长期缺乏安全感，便会把自己内心对外部世界的不安投射到自己的孩子身上**。比如担心孩子遇到危险，因此做出过度保护的行为，不允许孩子太晚回家，一过晚上 8 点孩子还没回家就焦躁难忍，发起"夺命连环 call"；或者试图控制孩子的一切，孩子什么时候做哪门功课、可以休息几分钟，甚至今天有没有吃水果，都需要在自己的掌控范围内。

有着缺乏安全感的父母的孩子经常会受到来自父母的不稳定情绪的影响，久而久之，其自身也会变得焦虑，做任何事情都小心翼翼。

原因三：缺乏同理心

什么是同理心？它是我们理解和感受他人情感情绪的能力，也是父母在与孩子相处的场景中，控制欲望的重要能力。

比如孩子真的不愿意把自己的玩具或书分享给别人，父母却为了维持自己的颜面而故作大方，自作主张地把东西强行给他人；或者父母将孩子上了锁的日记本肆意撬开翻阅却觉得无所谓。如此为人父母者，就显然缺少对孩子的同理心。

而如果换作是具有同理心的父母呢？**他们能对孩子的委屈、痛苦感同身受，因此哪怕一时逾越了边界，他们也会立刻考虑退回去；当因焦虑不安、缺乏安全感而起心动念，想要妄加干涉孩子的行动时，他们的同理心也会立刻转变为一股相反的力量，令其悬崖勒马，阻止其说出强势的话语，勒令其停止做出可能对孩子造成伤害的行为。**

是的，客观上没有做到这些的父母，绝大多数皆因缺乏同理心，无法和孩子产生情感共鸣，更无法理解孩子的真实想法，任由边界感与安全感愈加匮乏，最终成为充满控制欲的父母。

最后的话

电影《教父》里有句台词：花半秒钟就看透事物本质的人和花一辈子都看不清事物本质的人，注定有截然不同的命运。这一节，我们一起了解了父母事无巨细地控制孩子的 3 个原因：

第一，缺乏边界感；

第二，缺乏安全感；

第三，缺乏同理心。

当我们能直击问题本质的时候，我们也就更可能找到解决方案。

被过度控制的孩子，是什么样的？

我们有时会在各类媒体上看到某地 10 多岁孩子自寻短见的新闻，这些孩子的人生才刚刚开始，他们却已经选择给自己的生命画上句号。

此类事件中，一些孩子经过消防员不顾自身安危的扑救才转危为安。问及原因，其中不少孩子坦言是因为受够了来自父母的妄加控制或感觉自己活得毫无价值，才一时想不开，想要轻生。

当然，走到这一步的孩子毕竟是少数，但在父母以爱为名的囚笼中，孩子因被过度控制而形成的四大心理问题也依然不容忽视。

ⓘ 问题一：自控力差

你家是否出现过这种情形？孩子在书桌前写作业，15 分钟前，他在做这道题；15 分钟后，他仍旧在做这道题。你蹑手蹑脚地走近一看：不得了！这小子居然偷玩平板电脑！

看到这个情景，一股无名火就从你的胸口冒了出来，你先是将他狠狠批评了一顿，接着只能拿来一把椅子，坐在他旁边监督他写作业，美其名曰"陪读"。

可是，你不知道的是，**正是因为你总是想着法儿地监督和控制孩子，他才总是在没有你的时间和空间里，悄悄猛干你不允许他干的事情。**

为什么？因为**自控力的本质是一个人面对内外部诱惑时，进行自我调节和控制自身行为与情绪的能力。只有当能力大于诱惑的时候，自控的行为才能发生。**

然而，家长的过度控制会增加一件事情对孩子的诱惑。这就好比一个人饿了 2 小时并不会觉得很饿，但如果饿了 20 小时都没能吃上一口东西，食物对他的诱惑就很可能会大大增加。

所以，**过度控制的"因"，导致孩子的自控力变差，这是很多家长未曾料到的"果"。**

问题二：失去自我

心理学家李玫瑾说："**对孩子干涉太多、控制太多，最终会导致一个什么结果？就是'你让我做什么我都不开心，但是我也**

不知道我想干什么'。"

是的，为了让孩子的课外作业显得更完美，我们看到太多学校的作业展示平台最后都变成了父母作品的秀场。与此同时，孩子略显稚嫩的作品在这个过程中被父母否定，孩子会因此产生一种被剥夺感，这就导致孩子不仅无法锻炼出独立完成任务的能力，甚至连去完成某件事情的兴趣也没了。

在面对人生重大选择时，控制型父母还总是以他们有限的认知去强制孩子选择他们认为最有前景的学科和职业，丝毫不给孩子发言和选择的机会。这么做同样会让孩子认为自己没有追求兴趣和梦想的权利，继而感到失落和无助。

在日常生活中，更多控制型父母还习惯批评孩子，鲜有鼓励和肯定，这也极有可能致使孩子怀疑自身的能力和价值，从而在无尽的批评声中失去自尊，失去自信。

没错，正如心理学家李雪说的那样："一个身体只能承受一个灵魂，如果父母的控制密不透风，孩子实际上已经精神死亡。"

ⓟ 问题三：发展出讨好型人格

在控制型父母阴影的笼罩下，孩子还容易发展出讨好型人格。所谓讨好型人格，是一种倾向于迎合他人、顺从他人意愿、寻求他人认可的个性特征。

这种人格通常表现出过度关注他人需求和情感状态的倾向。有讨好型人格的人常常为了维持良好的人际关系而不惜牺牲自己的利益和需要。讨好型人格特征不仅会让孩子感到卑微，而且很可能会导致孩子缺乏自我主张和自我价值感，以致遭受他人的欺负和压迫。

我们都不希望自己的孩子在外面受到其他人的压迫，**但控制欲和高压的家庭氛围则可能让我们收获一个"习惯性讨好"的孩子。因为孩子觉得只有做出这类补偿性行为，父母才会快乐；只有对父母言听计从，自己才值得被父母爱。**

长大之后，孩子会把这种讨好型人格带入自己的工作中。你周围如果有那些每天帮同事买早饭、熬夜加班为同事做 PPT、在饭桌上被要求频繁敬酒喝酒的人，他们多半就有控制型父母。

孩子一旦形成了讨好型人格，将来很可能会产生严重的焦虑、抑郁等心理问题。

⊙ 问题四：产生习得性无助

最后一个问题是我们最不愿意看见的：产生习得性无助。

习得性无助被称为"让人一事无成的魔鬼"。究竟什么是习得性无助呢？

1967 年，美国心理学家马丁·塞利格曼对狗进行过一个实验。实验人员把狗关进笼子里，只要蜂鸣器一响，就给狗施以电击。狗在笼子里躲避不了，只能发出呻吟。这个实验进行多次后，实验人员发现，只要蜂鸣器一响，哪怕笼子的门是开着的，狗不仅不逃，反而匍匐在地上，等待着电击的到来，默默承受痛苦。

1975 年，塞利格曼又以大学生为受试者，把电击换成了噪声。这次，实验人员把大学生分为 3 组。

第一组大学生只能默默忍受噪声，无论如何都无法关闭噪声。

第二组大学生也会听到噪声，但通过行动可以关闭噪声。

第三组为对照组，进行"穿梭箱实验"。这一组一开始没有听到噪声，大学生把手指放在箱子的一侧就会听到噪声，而放在其他地方，噪声就会停止。

之后，实验人员又安排第一组与第二组大学生进行了"穿梭箱实验"。结果发现，第二组大学生很快就学会了通过移动手指来关闭噪声，而第一组大学生则傻傻地把手指放在原处，忍受噪声污染。

是的，这些实验证实了习得性无助的存在。它是指一个人在经历了许多挫折后，面对问题时会产生一种无能为力的心态。哪怕可以主动逃避痛苦，明明依靠行动完全可以解决问题，他也会由于无助、抑郁或者自我评价低下而选择"躺平"，承受痛苦，不做任何改变。

父母的过度控制之于孩子就好比"电击之于狗""噪声之于大学生"。孩子在一次又一次的严格控制下，就有较大的概率产生习得性无助。

最后的话

被过度控制的孩子，其未来可能的结局都让人揪心：自控力差、失去自我、发展出讨好型人格、产生习得性无助。我相信，任何一种结局，一定都不是为人父母者希望看到的。

控制型父母的典型特征，你中了几条？

现在，你已经知道了过度控制孩子会造成严重的后果。那么，你目前的控制指数到底是多少呢？这一节，我们就从控制型父母的典型特征出发，来做一个自我测试，看看这些典型特征，你中了几条。

⊙ 控制型父母的典型特征

以下场景是你在日常生活中可能会遇到的 25 种情况，试想自己处于所描述的场景中，每种场景后面都描述了你可能会有的反应，请你以该反应是否会发生在自己身上为依据，对它们进行打分，其中 1= 非常不符合，2= 不太符合，3= 有些符合，4= 符合，5= 非常符合。

1. 你们一家三口正准备出门参加朋友的婚宴，你发现孩子穿了一件花格子衬衫。

你会想：应该马上让他换一身正装。＿＿＿＿＿＿

2. 你1小时前给孩子倒了一杯牛奶放在他的书桌上，现在你发现他还有1/3没喝完。

你会：立刻要求他喝完。＿＿＿＿＿＿

3. 孩子躺在床上背单词，背了20分钟还是没有太大进展。

你会：严厉要求他坐在书桌前认真背诵。＿＿＿＿＿＿

4. 家里来了客人，孩子坐在房间里写作业。

你会：把孩子叫出来，要求他礼貌地和客人打招呼。＿＿＿＿＿＿

5. 孩子考了91分，兴冲冲拿着成绩单回家。

你会说：丢掉的9分去哪里了？赶紧把做错的题目整理到错题本上。＿＿＿＿＿＿

6. 临近饭点，饭菜也都已经端上了餐桌，你喊了几声，孩子还坐在沙发上看电视。

你会：立刻冲过去，拿起遥控器把电视关掉。＿＿＿＿＿＿

7. 晚上9点30分，孩子一边刷牙，一边跑到客厅和外公一起看电视。

你会：揪住孩子的耳朵，让他赶紧洗漱完毕，上床睡觉。＿＿＿＿＿＿

8. 孩子的头发长了，你催他理发，但他想要留长发，并且告诉你，他们班上好多人都留长发。

你会：强行把他按在座位上，拿起电动理发器，他一边哭，你一边帮他理发。_____

9. 你希望孩子跳绳锻炼，但他不愿意。

你会：吓他，和他说不锻炼的话将来长不高。_____

10. 听说邻居的孩子演讲比赛得了第一名，而你的孩子则有些口吃。

你会：和孩子说这件事情，希望能纠正他口吃的毛病。_____

11. 孩子最近迷上了写小说，每天都写到很晚。

你会：告诉他写小说的人很难获得成功，还是应该把注意力多放在学业上。_____

12. 你和爱人经常加班到很晚，每次回到家发现孩子的作业完成度都很低。

你会：装一个摄像头，实时监控孩子到底在做什么。_____

13. 孩子洗碗的时候不小心打碎了一摞碗，你听到声音，跑过去。

你会：对孩子一顿臭骂。_____

14. 孩子面临高考志愿填报，你发现他填了考古学专业。

你会：要求他将志愿改成计算机、人工智能或者其他任何热

门专业。_____

15. 孩子和同学出去玩，已经过了晚上 10 点了，他仍旧没有回家，也没有打电话回来。

你会：一个又一个地给他打电话，甚至有报警的冲动。_____

16. 你和孩子吵架了，两个人谁都不愿意先向对方低头。

你会：让爱人去和孩子说，让孩子主动来给自己道歉。_____

17. 孩子敞开的书包里躺着一封纸质的信件，一看就是异性写的，信封没有封口。

你会：打开信件看一看，再悄悄收好。_____

18. 周末早上，孩子睡到 8 点还没有起床。

你会：催促他赶紧起床，如果他没有动静，你甚至会选择掀开他的被子。_____

19. 孩子做了一个手工作业，第二天要交给老师，但你发现其中一部分有瑕疵。

你会：告诉他"要不别做，要不就做好"，逼着他把瑕疵部分改掉。_____

20. 家里大扫除时，孩子的奖状不小心被打翻的脏水弄脏了，孩子大哭。

你会说：别难过了，没什么好难过的，奖状还可以再拿。_____

21. 你发现孩子正在使用社交媒体软件，但他显然把你屏蔽了。

你会：要求他把你从屏蔽名单里移出来。_____

22. 你感觉最近和孩子走得很近的同学有些"流里流气"。

你会：要求他不要和这种类型的同学接触，而要和成绩好的同学多来往。_____

23. 孩子放暑假了。

你会：给他一张写满任务目标的作息表。_____

24. 孩子想要去同学家写作业。

你会：问清楚他要前往的是哪个同学家，如果该同学你认为不怎么样，你会拒绝他的请求。_____

25. 你发现孩子总是和异性朋友相处。

你会：严厉禁止孩子继续与之保持来往。_____

控制型父母的控制程度与类型

以上这份典型场景化量表的分数结果从 25 分到 125 分不等，如果你的分数为 25 ～ 50 分，表明你的控制程度较低；如果你的分数为 51 ～ 75 分，说明你的控制程度尚可；如果你的分数为 76 ～ 100 分，说明你的控制程度已经比较高了；而假如你的分数大于等于 101 分，则表明你有极强的控制欲。

与此同时，控制型父母的具体控制类型也可以分为 5 种，分别是**时间控制、行为控制、情感控制、思想控制和社交控制**。

在上述场景中，时间控制程度高的父母会倾向于严格控制孩子的时间安排，包括严格安排孩子的日程表，所涉及的场景分别是：3、7、15、18、23。

行为控制程度高的父母则会对孩子的行为进行严格的控制和规范，包括规定孩子的行为方式、言辞、穿着等方面，所涉及的场景分别是：1、2、4、6、12。

情感控制程度高的父母会对孩子的情感进行控制，包括对孩子的情绪、感受、表达等方面进行干预和压制，所涉及的场景分别是：10、13、16、17、20。

思想控制程度高的父母偏好对孩子的思想进行控制，包括对孩子的观念、价值观等方面产生影响，所涉及的场景分别是：5、9、11、14、19。

社交控制程度高的父母会限制孩子与朋友的交往时间、监督孩子与谁交往、限制孩子参加社交活动的频率和持续时间等，所涉及的场景分别是：8、21、22、24、25。

你可以观察一下自己在哪种控制类型上的分数高于 16 分，这就说明你在该控制类型上的控制程度相对更高。

最后的话

　　正所谓："知己知彼，百战不殆。"当你通过典型场景化量表了解了自己的整体控制指数和各种控制类型指数后，你对自己的控制欲就会产生警觉。当你下次在类似的场景中触发自己的控制欲时，你就能够当知当觉，从而为进一步降低控制欲做好准备。

02

给自己松绑

放过自己，治愈家人

你为什么总是出现突然猛烈爆发的情绪？

你有过对着孩子大声咆哮的经历吗？在你再也抑制不住自己而情绪猛烈爆发的时刻，你脑海里想的是什么呢？事后，当你情绪平复，你会不会为自己情绪爆发时所说的话、所做的事情感到后悔呢？

是的，情绪爆发时的你并不是情绪平稳状态下的你，因为彼时，你遭遇了情绪劫持。

⊙ 情绪劫持

什么是情绪劫持？它是由美国哈佛大学心理学家，《情商：为什么情商比智商更重要》的作者丹尼尔·戈尔曼于 1995 年提出的概念。

情绪劫持，也叫杏仁核劫持，因为杏仁核是我们大脑中至

关重要的情绪处理器。在特定情景下，当杏仁核被外部刺激激活时，杏仁核就会充血，此时，杏仁核仿佛脱缰的野马，会导致掌管理性的大脑皮层被关闭，人很难清醒地思考，陷入直线而极端的思维中。

在远古时期，情绪劫持用来让我们的祖先在紧急状态下表现出战斗或逃跑的反应，继而发挥人体潜能，拔腿快跑，逃离猛兽的利爪；或者干脆殊死搏斗，以一股勇猛劲儿干掉猛兽。

然而，到了现代，在家庭教育的场景中，当我们想控制孩子，而孩子却"冥顽不灵"地反抗时，我们就容易陷入情绪劫持，当场和孩子发火，最后逐渐演变成一个暴躁的家长。

ⓟ 情绪侧写

每个人的硬件条件是不一样的，因此，有些人特别容易被情绪劫持，而另一些人则正好相反。《情绪：影响正确决策的变量》的作者，美国知名科学作家列纳德·蒙洛迪诺把人们的这种不同的硬件条件称为情绪侧写，它总共包含 4 类特质。

一是情绪临界点。我们常说一个人的笑点高、泪点低，其中的"笑点""泪点"说的就是一个人的情绪临界点。很显然，容易被情绪劫持的家长通常情绪临界点也比较低。

二是达到峰值的潜伏期。一些家长的愤怒情绪来得特别快，比如听到孩子反驳几句，立刻就火冒三丈；而另一些人的怒气则是慢慢形成的，而且有时其怒气还没形成，事情就已经解决了。

三是情绪强度。少数人的情绪强度特别高，他们的情绪爆发力非常强；当然，也有人情绪相对稳定，可以"泰山崩于前而色不变，麋鹿兴于左而目不瞬"。

四是情绪复原力。这是指一个人的情绪出现起伏后，其恢复到基准状态的能力。孩子的情绪复原力是很强的，他们可能前一秒还在哭，但看到一个喜欢的东西后，马上就笑逐颜开了；但对少数家长来说，他们可能需要花很久时间，情绪才能重新归于正常。

对于经常遭遇情绪劫持的家长来说，情绪临界点低、达到峰值的潜伏期短、情绪强度高、情绪复原力弱是一种十分典型的硬件组合。

如何应对和改善情绪劫持?

现在，你已经理解了情绪劫持和情绪侧写，那么，具体要如何才能应对和改善情绪劫持呢?

从短期来看，家长可以选择采用 4 种工具。

第一种工具：**觉察**。觉察是刻意留意自己是否正在陷入情绪劫持。想要脱离情绪劫持的魔爪，则要有意识地去关注自己当下的情绪是否已经接近临界点。当你能觉察到自己的情绪水平时，你就仿佛在梦境中清楚自己正在做梦。此时，这份觉察就能让你获得一丝清明，继而让你控制住情绪，让它逐步远离临界点。

第二种工具：**转移**。很多时候，情绪是一种自动化的应激反应。在你觉察到自己正处于越来越受到情绪影响的过程中时，你可以刻意把注意力转移到自己的呼吸上，深呼吸 3 次后，再去和孩子进行接下来的沟通。短暂几秒的深呼吸能同时转移你自己和孩子的注意力，使双方的情绪都得到控制。

第三种工具：**表达你的情绪，而不是情绪化地表达**。什么意思？当你在和孩子沟通时，你感觉自己被激怒了，请在马上要提高嗓门、大声呵斥前，有意识地转变表达的方式。因为提高嗓门是一种情绪化的表达，而情绪会传递情绪，这种原始的行为会让孩子也陷入哭闹、耍无赖等不讲理的状态中，而该状态又会反过来进一步激怒你，让你的怒气值直逼临界点。但表达你的情绪则不同，你可以和孩子说自己"马上要生气"了，这种说法对孩子来说不是情绪的传递，而是理性的提醒，反而有利于你和孩子之间的沟通最终产生某种交集。

第四种工具：**隔离**。在你感到自己的情绪马上就要抵达被劫持的临界点时，请尽快以自己仅剩的理智远离现场，比如去其他房间休息一会儿，甚至去小区里走一圈，等自己的情绪复原到足以用理性驾驭时再回来。当然，"隔离"是你最后的压箱底工具，最好在不可避免的时候再拿出来使用。

从长期来讲，家长可以通过习得"成长型思维"来优化自己的情绪侧写特质。

斯坦福大学心理学教授卡罗尔·德韦克博士发现，人可以被归纳为"成长型思维"和"固定型思维"两类人。在前者的思想中，个人的能力是可塑的，任何人都能通过努力、学习和经验的积累而不断提高；而后者则觉得，每个人的个性是固定不变的，"江山易改，本性难移"，人们不会受外界影响，因此无法改变。

很显然，家长唯有先成为"成长型思维"的拥有者，同时接受这种观念，即虽然自身拥有目前的硬件条件，但就如同肌肉可以锻炼一样，通过努力学习和提升与情绪相关的认知，并把它们应用到自己的生活中，也可以优化情绪侧写的 4 类特质。

最后的话

　　家长之所以总是出现突然猛烈爆发的情绪，是由于人类情绪劫持的特性，情绪劫持发生的频次和强度与人们情绪侧写的特质相关，情绪侧写的特质包括情绪临界点、达到峰值的潜伏期、情绪强度和情绪复原力。

　　为了应对和改善情绪劫持，短期可以采用"觉察""转移""表达你的情绪，而不是情绪化地表达""隔离"等工具；长期则可以通过"成长型思维"来优化情绪侧写特质。

　　最后，祝福你，从今天起，逐渐成为一个不容易被情绪劫持的家长。

长期精神内耗的父母，该如何放过自己？

我们经常在网络上看到"孩子不做作业，母慈子孝，连搂带抱；一碰作业，鸡飞狗跳，呜嗷嗷叫"的桥段；甚至还有父母在辅导作业的场景中被气到犯高血压，甚至中风。

虽然你的情况大概率没有网上描述的那么夸张，但你的"心理感受"很可能差不多。比如你上了一整天班，通勤时间也不短，觉得"身体被掏空了"，可回到家里，拖着疲惫的身躯，却还不得不继续"加班鸡娃"。一边是你想休息，却又看不惯孩子吊儿郎当、磨磨蹭蹭；另一边你又发现爱人吃完饭悠闲自得，跷着二郎腿刷着手机。一种焦虑感和不公平感油然而生。

对着孩子，你可以选择大骂一顿，把孩子弄哭；对着爱人，你也可以选择大吵一架，激怒对方。然而，你却在克制自己的情绪，因为你知道这样做于事无补。**但这种自我控制又消耗了你大量心理资源，当心理资源越来越不足时，你就处于内耗状**

态之中。

时间一长，你身心疲惫。是的，这种状态，就是精神内耗。

那么，长期精神内耗的父母，该如何放过自己？

精神内耗的原因

要解决这个问题，你首先要理解造成精神内耗的三大原因。

第一，框架错误。

框架错误，导致我们在错误的赛道上努力奔跑而不自知。比如之前各类教育培训机构总用一句话来刺激父母的痛点：别让孩子输在起跑线上。很多父母看到这句话后深以为然，纷纷不惜重金给孩子报班学习。

可是，在这个有关"起跑线"的框架中，到底蕴含着怎样的假设呢？没错，"起跑线"通常是短跑的重要影响因素，在短跑中，相差一米、两米对跑步成绩的影响十分显著。**可是，孩子的人生究竟是一场短跑，还是一场马拉松呢？**

如果孩子的人生是一场马拉松，作为父母，你还需要为几米的差距而如此焦虑不堪，继而耗费心理资源去克制自己的情绪吗？

第二，习惯比较。

如果你希望焦虑，那么就去比较吧。

比如你的孩子在这次期末考试中语文、数学、英语都考了95分，你觉得他发挥得还不错；可是，假如你知道了楼下邻居的孩子，做的是同样的考卷，三科都考了99分，你是不是瞬间就觉得3个"95分""不香了"？

是的，**比较是人类贪婪的开始。因为比较，你会觉得自己的孩子还不够好，你的宽容度会降低，你的焦虑感会增加。比较，会加剧你的精神内耗。**

正如作家马德所说："一个人总在仰望和羡慕着别人的幸福，一回头，却发现自己正被别人仰望和羡慕着。其实，谁都是幸福的。只是，你的幸福，常常感受在别人心里。"

第三，心理反刍。

如果孩子粗心了，你会不会揪着"孩子为什么会粗心？"的问题不放？他如果某次考试发挥失常，"孩子怎么会考那么差？"的疑问会不会总在你的脑海里闪现？

反刍，原本是指食草动物把胃中半消化的食物退回口中反复咀嚼。当你沉浸在"为什么"的疑问中无法自拔时，你同样会把早该被消化的念头不断拿出来反复思量。这就是典型的"心理反刍"。

心理反刍，不仅会不断强化负面情绪，还会把这些负面情绪扩散给你身边的人，让他们一遍遍地跟着你遭受身心折磨。

ⓟ 如何放过自己？

理解了造成精神内耗的原因，我们就能有针对性地解决它。

解法一：厘清框架。

就像我在前言里说的那样：父母之于孩子，应如灯盏，而非拐杖。

所以，父母真正要做的，不是每天晚上舍弃自己的休息时间，陪在孩子旁边，控制和监督他学习，让他尽可能地在父母的扶持下，在起跑线上站得更靠前；而是帮助孩子爱上学习，唤醒他学习的原动力，引导他在学习的道路上发现乐趣，获得成就感，从而进入正向循环。

在这一点上，我要特别感谢我的父亲。因为他从来就没有在学习上对我有任何苛刻的要求，这反而让少年时期的我成了自己学习的第一责任人。每次考试成绩差的时候，我自己就会进行复盘反思。在这种相对宽松的家庭环境中，我反而经常遇强则强，从原本落后的排名，逆袭为班级前三名、年级前二十名。

解法二：拒绝攀比。

法国文豪维克多·雨果曾说："生活的累，一半源于生存，一半来自攀比。"

克制攀比的情绪，要比克制攀比后形成的精神内耗容易得多。所以，拒绝攀比，与自己和解，不被外界因素裹挟，也不活在其他任何人的期待里。这样，你不仅放过了孩子、爱人，更重要的是，也放过了自己。

解法三：导航思维。

什么是导航思维？

在高速公路上，如果你不小心驶入了一个错误的岔道，导航软件就会在交通法规的框架下，重新帮你规划路线，以当下为起点，寻找抵达目的地的最优路径。

是的，遇事时，每次都以当下为起点，不是进行"为什么"的心理反刍，而是进行"怎么办"的冷静思考，寻找最优策略，这就是导航思维。

你可能会说，问"为什么"是为了找到犯错的根本原因，如果不知道原因，何来改进？你说得没错，但与此同时，你在找到根本原因后，不应再一遍遍地审问，而应选择审视和思考"怎样才能在下一次遇到类似事件时，不再犯同样的错误"，这才更重要。

所以，用导航思维走出心理反刍，同样是你学会如何放过自己的核心策略之一。

最后的话

《也许你该找个人聊聊》中说：**痛与痛苦是有区别的，感到痛不是你的选择，但持续的痛苦，是你的选择。**

因此，为了从今往后能够摆脱精神内耗，我们一起理解了造成精神内耗的三大原因：框架错误、习惯比较、心理反刍。同时，我们也找到了相应的解法：厘清框架、拒绝攀比、导航思维。

期待你从此刻开始，与所有的精神内耗说"拜拜"。

换一种说法，你们就能达成共识

曾经有人做过这样一段分享：

小时候，每次她的妈妈都怕她感冒，所以就用很烫的热水给她洗澡。每一次，她都会抗议妈妈倒的水太烫了，但每一次，妈妈都无动于衷，并且说："我试过了，一点也不烫，而且你洗一会儿，水就凉了。"时间久了，她学会了闭嘴，默默忍受很烫的水带来的不适感。

直到有一次，水温实在超过了她能忍受的极限，多年以来的委屈如同潮水一般袭来，她号啕大哭、彻底崩溃，不是因为这天的水太烫，而是因为长久以来被妈妈无视诉求的痛苦。然而，这次换来的依然是妈妈不以为意的回应："有什么好哭的，再给你加点凉水不就好了吗？"

看到这一段，很多人说感同身受，也有人说看哭了，不过也有人说习惯就好。

那么多人的反馈说明什么？说明"我妈觉得不烫"并非个例，而是一种十分普遍的现象。

⚲ 无视孩子需求的父母

父母为什么会无视孩子的需求呢？

答案是：**因为"换位思考"是一件很难的事情。**

百度前副总裁李靖曾经提出过一个"自我视角陷阱"理论。他发现，无论如何训练，人们都天然地无法站在别人的立场去思考，因为**"内在视角"本身就是人类多年进化出的天生直觉。人们在遇到事情时的第一反应是"关心自己，表达自己的感受"，而非"站在他人视角看自己"。**

我们来举个例子，请你想象这样一个场景。

你开着车在道路上行驶，前方由于出现交通事故，双行道变成了"单行道"，你和一辆出租车相向而行，你们都被堵在了路中央。

此时，你走下车，想要说服对方将车倒回去，你会怎么说呢？

"师傅，能麻烦你让一下路吗？"或者，"师傅，我正赶着去接孩子，麻烦你行个方便吧！"

是吧，你的第一反应很可能是从自己出发，你想表达你被堵住了，你很着急，你还要去接小孩。可是，对方也有自己的诉求，他会理你吗？

但如果你切换视角，选择关注对方的需求，则可以这么说：**"两辆车当中，只有您是专业司机。"**

你看，这句话是不是满足了对方的需求？因为很多出租车司机都因自己开车比别人专业而感到自豪。

好了，是时候回过头来审视我们是如何做父母的了。

孩子早晨起床起得慢。你说："你快点！不要慢慢腾腾！"

孩子不愿意做家务。你说："你做不做？我们家里不养闲人！"

孩子跌倒了，大声哭泣。你说："男孩子不许哭，有什么好哭的！"

这些脱口而出的话，是不是都在表达我们自己的需求？当你说完这些话后，孩子听话照做了吗？是不是并没有？

因为你并没有正视孩子到底有什么需求，所以很自然地，你就像无法说服出租车司机倒车那样，也无法和孩子达成共识。

ⓟ 发光体 vs 黑洞

《改变人生的谈话》的作者黄启团曾经有一个类比非常形象。

他说："这个世界上有两类人。一类人，你在和他相处的时候会感到温暖，他能给你力量。与这类人一起生活，你会感到自己被关爱，也能体会到幸福感，这类人就像一个小太阳一样。"所以，黄启团把这类人称为"发光体"。

他提到的另一类人则正好相反，和他相处久了，他只要一接近你，你就会产生一种无力感，身上的能量也不知道跑到哪里去了，你感觉仿佛是遇到了宇宙中的"黑洞"。他会把你的一切能量都吸走，他也会把身边人折腾得遍体鳞伤。

在与孩子相处的过程中，遇到不合心意、影响效率的事情时，不少父母很容易就变身为"黑洞"，因为"黑洞"总是"以事为主"，习惯把焦点放在发生错误的地方，更爱挑毛病，却不太容易看到孩子做得好的地方。

而"发光体"则正好相反，在"发光体"的眼里，"人"永远排在"事情"的前面，"发光体"父母总能先看到孩子的需求，会把焦点放在孩子"做对"的事情上，并通过改变语言模式和孩子达成共识。同时，在具体的沟通中，"发光体"父母会有

3 个特点。

第一，说话时经常使用正向词，尽可能避免使用否定词。

为什么要这样做呢？因为人脑会天然地屏蔽否定词，经典实验——"别想一头白色的熊，千万别想"可以印证这一点。我相信此时你的脑海里一定已经出现了有一只白色大熊的画面。所以，在和孩子沟通的过程中，"发光体"父母也可以选择尽量多用正向词。比如孩子早晨起床起得慢，你可以说"昨天你起床就很利索呢"。没错，提醒会比吼叫更有爱。

第二，温和地表达自己的感受，并提出解决方案。

没有人喜欢和暴躁的人沟通，温和地表达自己的感受和诉求更容易获得孩子的接纳。比如孩子饭后不愿意洗碗，你可以说："妈妈做饭做得好累呢，想休息一会儿。你是不是刚吃完饭也想休息一会儿呢？"孩子点头后，你再说："那你打算休息 10 分钟再去洗碗，还是休息 20 分钟再去洗碗呢？"当我们说出了自己的感受，并提出具有选择性的解决方案时，孩子也就更容易承担自己的责任了。

第三，接纳孩子的需求和情绪，让孩子觉得我们懂他。

心理学家托马斯·戈登认为，不接纳性语言会将孩子从父母身边推开，让孩子不再愿意和父母交流。比如孩子跌倒了，大声哭泣，你可以说："来，妈妈抱抱你。"是的，**父母无条件的爱**

是孩子脆弱时最坚实的后盾，内心充满爱的孩子将更有勇气去面对自己人生路上的挑战。

某知名演员曾在一次采访中说起自己没有叛逆期，主持人问："是因为你比较懂事吗？"他说："是因为我需要的尊重和爱都已经在童年得到了，所以我不需要用叛逆来表达对父母的不满。"

当我们也能变成"发光体"父母，说话时经常使用正向词，尽可能避免使用否定词；温和地表达自己的感受，并提出解决方案；接纳孩子的需求和情绪，让孩子觉得我们懂他：我们和孩子完全可以达成共识。

为人父母者的顶级自律，是降低对孩子的期待值

《北京青年 × 凉子访谈录》中有一个真实的故事：一个女孩从小成绩出众，但母亲很少表扬她，而是不断要求她追求卓越，精益求精。

一次，她拿着 97 分的数学试卷回家，骄傲地宣布自己是全班第一，换来的竟然只是妈妈冷淡的询问："扣掉的 3 分去了哪里？"女孩瞬间崩溃。因为长期处于这样的环境中，她后来患上了抑郁症。

是的，这是很多父母的通病。他们总是期望孩子变成自己希望的样子，更好的样子——没有最好，只有更好！但家庭中亲子间的矛盾也多半源于此。

当父母对孩子总是抱有高期待时，家就不再是温暖的港湾，而成了压力之源。

⚲ 幸福家庭的公式

俄国著名文学家列夫·托尔斯泰曾在《安娜·卡列尼娜》中写过这样一句话：**幸福的家庭千篇一律，不幸的家庭则各有各的不幸。**

人活着是为了获得幸福。孩子考取好的分数，进入更好的学校，找更好的工作，都是为了追求幸福的生活。那么，我们为什么不能让孩子在少年时代就获得幸福的生活呢？

你可能会说："如果现在安于幸福，那将来怎么办？如果现在没有期待，不督促孩子努力学习，那将来孩子再怎么努力都找不到好工作，会更不幸福。"这种说法真的对吗？我们姑且不论过度督促很可能会产生反作用，让孩子厌恶学习；而且事实上，现在的幸福并不会导致将来的不幸福。

为了让你更清晰地理解这一点，我们一起来看看来自美国经济学家保罗·萨缪尔森的**幸福公式：幸福 = 效用 / 期望值**。

从该公式可以看到，"效用"越高，比如孩子成绩越好，分子越大；但倘若你的"期望值"太高，则会导致分母变大，最终致使你所感知到的"幸福"减少。

换言之，在效用相同的情况下，一个人的期待值越低，他就越容易被满足，自然也越容易获得幸福。

比如我的儿子，有一段时间，他只要周末一有空，就在我的计算机上捣鼓一个叫Scratch的编程软件。因为我和爱人都不会编程，自然也插不上手。没想到几个月后，他们学校正好发起了一个青少年编程比赛，班上只有他一个人报名。结果，轻而易举地，儿子就拿到了校级三等奖。这还没完，他们老师又把他的作品申报到了区里参加比赛，没过多久，他又获得了一个区级三等奖。

是的，我们对他编程方面的学习从来就没有什么期待，甚至还和他达成一致：只有把作业做完了，才允许使用计算机"玩"编程。最后，孩子竟然拿回了一个校级奖、一个区级奖，都是颇具含金量的奖项。那一刻，我们整个家庭的幸福指数上升了不少。

你看，当你降低了对孩子的期待，你不仅在主观上减小了幸福公式中的分母；而且，由于没有人对孩子有这方面的期待，没有来自外部的压力，孩子自己就更容易产生内在动力，想方设法把自己的作品呈现得更好，最终增大分子。

"效用"提升，"期望值"降低，孩子在父母没什么期待的情况下，反而取得了令人欣喜的结果。

所以，与其每天对孩子充满期待，希望他精益求精，要么不做，要么就做到最好，还不如降低"期望值"，让意料之外的"效用"给你们的家庭带来额外的幸福感。

◯ 刻意练习，降低两种期待值

既然理解了为人父母应当降低对孩子的期待值，具体要怎么着手呢？在我看来，你可以设法刻意练习降低以下两种期待值。

第一，降低对孩子学习成绩的期待值。

有一金句："因上努力，果上随缘。"在育儿场景中，这句话的意思是，为人父母者，更应该做的，不是期待孩子给你带回一张漂亮的成绩单，或者在孩子成绩单发下来后去苛责他；而是要自己多努力学习一些有利于帮助孩子提升各科目成绩的策略，比如"前馈学习法""费曼学习法""SQ3R阅读法"等，学会如何给孩子减压，而不是加压。你习得这些技能，再回过头去赋能孩子，可以让他站在前人的肩膀上，使用事半功倍的学习技巧和减压策略在学习的过程中提升效能。（关于这部分的详细策略，你可以阅读我的另一本书《抢分》，帮助孩子有策略地成为更好的自己。）

第二，降低对孩子自控力的期待值。

父母与孩子经常会在诸如孩子"忍不住看平板电脑""做作业时磨磨蹭蹭""一看电视就忘记时间"等生活场景中发生冲突。一方是无法自控的孩子，另一方是控制欲上头的父母。正是由于父母对孩子自控力的高期待值与孩子自控力的低水平表现之间存在巨大沟壑，家庭中的负面情绪才会产生。

可是，很多父母并不清楚孩子为什么无法像成年人那样"管住自己"，更对自控力的本质没有清晰的认知。事实上，自控力作为一种控制冲动的能力，会受到人类大脑神经系统的影响。在该系统中，前额叶皮层和边缘系统是一对"双生子"。其中，前者负责管理、理性地组织、执行、推理和控制；而后者则负责感性的本能，比如饥饿、口渴以及减少消耗的行动等表现。

孩子之所以自控力不如成年人，原因就在于边缘系统在人类 12 岁时就已发育成熟，而前额叶皮层则在人类 17 岁时才发育健全，直至 25 岁完全成熟。所以，这在孩子的大脑神经系统中，就相当于前额叶皮层这个"小学生小朋友"在和边缘系统这位"大学生"拔河，边缘系统完胜！因此，当孩子不能自控的时候，父母可以选择多一些理解，降低期待值，通过"心平气和地引导"来代替"催吼唠叨"，这样就完全可以避免不必要的家庭争端。

最后的话

为人父母者的顶级自律，是降低对孩子的期待值。当你理解了幸福公式——幸福 = 效用 / 期望值；当你能降低对孩子学习成绩的期待值，理解和践行"因上努力，果上随缘"；当你能降低对孩子自控力的期待值，对大脑的边缘系统和前额叶皮层的发育情况有所认知，你们的家庭也必将和其他许多幸福的家庭一样，"千篇一律"地保持幸福！

家庭中的松弛感，到底有多珍贵？

在开始讲这部分内容之前，我想和你先做一个思想实验。

你们一大家人出国旅行，结果发现孩子的证件过期了，无法出境。此时作为父母，你会有什么反应？

之后，你的爱人决定陪孩子回家；但同时，所有家人的行李又都是挂在爱人名下托运的，以致统统被拉下飞机退回，你又会有什么反应？

有人说，这样的事情倘若发生在自己身上，很可能不是情绪失控，就是感到特别焦虑。假如自己是孩子的父母，很大概率会埋怨别人或自责为什么不提前办理新证件；如果自己是随行的长辈，虽未必会把不满挂在脸上，但至少会担心行李退回而造成的各种不便。

但如果我说这是一件曾经真实发生过的事情，而且这一家人在飞机上泰然自若，只是打电话同步了一下情况，并迅速安排好了行李的后续快递方案，你会不会感到特别震惊：为什么会有如此具有松弛感的家庭？！

⚲ 松弛感的 5 个境界

什么是松弛感？

简单来讲，松弛感是一种保持轻松自在的情绪的自由状态。强烈的控制欲和它往往是一前一后的关系，控制欲带来的焦虑或压力属于身体的"应激反应"，而松弛感则是处理应激事件时你选择的态度，以及表现出来的能力。

一个人的松弛感水平从低到高可以分为 5 个境界。

第一境界，不知不觉。第一境界中的人可能从来不知松弛感为何物。他们浑身上下充满着紧绷感。在家庭场景中，他们只要一遇到不顺心的事情就容易陷入焦虑，也倾向于和孩子发生情绪冲突。比如他们要求孩子去倒垃圾，孩子不愿意，于是一场"家庭战争"就此展开。

第二境界，后知后觉。他们不一定听过"松弛感"这个词，但每次发完脾气后会感到后悔，也会进行自我反思。不过，他们被情绪劫持时，往往无法控制住发怒时的自己，经常会给家人造成伤害。

第三境界，当知当觉。当知当觉的父母已经处于比较高的水平了，因为他们能有效地觉察自己的负面情绪，并且克制住来自身体的应激反应，通过心理策略来及时调整自己的情绪，并在最后做出让彼此都舒服的举动。

第四境界，先知先觉。第四境界的父母都是活在未来的高手，当他们想要引导孩子去做正确的事情时，他们会在头脑中先做一番预演，接着在多种可能采取的方式中选择一种更有效果的方式去践行，从而真正实现无痕引导，让孩子觉得这是他自己做出的选择。

第五境界，无知无觉。无知无觉是松弛感的最高境界，这一境界的父母不悲不喜，面对应激事件宠辱不惊，犹如"闲看庭前花开花落，漫随天外云卷云舒"。本节开头故事中的一家人可能已经无限接近这一境界。

当然，你可能会说，有些人的松弛感是天生的，他们可能是天生"心大"，对什么事情都无所谓。事实上，更多人的松弛感其实可以通过后天训练习得。

如何习得松弛感？

虽然我们很难轻易达到第五境界，但要想不断提升自己的松弛感水平，努努力还是可以做到的。

　　从第一境界到第二境界。阅读本书的过程就是你松弛感意识的觉醒过程，当你认同追求松弛感是你个人的一个目标时，你就已经在主观上抵达第二境界了。

　　从第二境界到第三境界，这一步的核心是做好记录。做好记录是一个简单又有效的办法，你可以下载一个诸如印象笔记或者 flomo（浮墨笔记）之类的在线记录类 App；如果实在不习惯在线记录，也可以用一个纸质笔记本记录。每当你在事后意识到自己未能摆脱情绪劫持时，你就把这一次发生的事情记录下来，并且不时地进行翻阅，然后尽可能统计每周发生这类事情的频次。当你对这件事情以学生回家做作业般的态度来审视，它就能逐渐从你的无意识状态进入有意识状态，继而帮助你逐步从第二境界走进第三境界。做好记录并不难，只要你真正践行了，一般一个月左右就能形成习惯。

　　从第三境界到第四境界，你需要用好即时反馈。《思维黑客：让大脑重装升级的 75 个超频用脑法》的作者罗恩·黑尔 - 埃文斯曾经提到过一个行之有效的解决方案。罗恩会将一根橡皮筋戴在自己的手腕上，一旦发现自己无法控制情绪并说出过分的话时，就用橡皮筋狠狠地弹一下自己的手腕，每次实施后，他就能强烈地意识到自己的应激反应有失妥当，继而提升自己不被情绪劫持的能力。

通过多次实施，肉体疼痛的负激励会打断你的惯常行为，当打断次数变多时，在相似场景触发惯常行为前，你的大脑就会提前形成一种意识，让你在行动之前有所停顿，转而用沟通技巧去与孩子互动。具体的有关沟通技巧我们会在后面的内容中详细展开。

⊙ 情绪自由

和本节开头的思想实验几乎一模一样，我也曾经经历过类似的事件。

有一年夏天，当我们一大家人准备前往英国旅行时，我们很早就出发前往上海浦东国际机场，但当我们把车停在指定停车场后，突然被管理人员告知：我们的航班是从上海虹桥国际机场出发的。

国际航班不都是从浦东国际机场出发吗？当拿出密密麻麻的全英文资料核对时，我们才发现自己想当然了，因为途中需要转机，所以本次航线为先抵达北京首都国际机场，再转飞伦敦。

看了一眼手表，我的内心是紧张的，但我提醒自己要保持松弛。随后，我们决定由我岳父驾车，立刻前往上海虹桥国际机场；同时，我和爱人在后排座位商量解决方案……

当我们把接下来两小时内包括停车、排队、出境等每一个可能耽误时间的点都想好预备对策并一一践行后，我们在飞机起飞时间前约 15 分钟坐进了机舱。

焦虑是本能，松弛是本事。这次旅行的插曲让我有一些小小的自豪。

最后的话

正所谓："欲成大树，莫与草争；将军有剑，不斩草蝇。"不被情绪裹挟，才是更高级的自由，这世间美好的事物那么多，山川河流、日照金山、星辰大海、诗和远方，每个都值得追寻。

所以，我们可以选择从此刻开始训练松弛感，不将有限的时间浪费在处理家庭场景里鸡毛蒜皮的小事上，而是不断提升自己的松弛感水平，让自己真正松弛下来！

好的亲子关系，自带边界感

曾有一则新闻引发了广泛的讨论：杭州一位 18 岁女孩因赖床不起，父亲一怒之下拍摄了一段短视频，并将其发到了家庭微信群里。如果你是这位女儿，你提出抗议时父亲却一脸不以为意，甚至表示"这还不是你不听话造成的吗？"，此时，你会有何感受？

心理学家武志红曾经说："**很多中国式的家庭常常是共生关系，边界感模糊，我中有你，你中有我，陷入死循环。**"

这就造成很多父母越过了与孩子的边界线却不自知，而孩子又由于力量弱小或表达能力弱，无法将这种边界被侵犯的感觉准确地表达出来，这才导致亲子之间的关系出现问题，孩子长大后的生活也出现问题。

所以，为了让孩子拥有一个好的未来，也为了拥有好的亲子关系，你可以选择在以下 3 个方面筑起边界感。

警惕"心理控制"，筑建心理边界感

有句话是**幸福的人用童年治愈一生，不幸的人用一生治愈童年**。

1965 年，心理学家施艾弗通过大量调研和收集父母的教养行为，首次提出了"心理控制"（Psychological Control）的概念。施艾弗认为，心理控制是衡量父母养育质量的一个重要维度，这种侵入式的家庭教养行为会严重阻碍孩子的心理发展，有极大可能致使孩子拥有一个不幸的童年。

典型的心理控制有 4 种方式。

第一种，限制表达。这主要体现在：不允许孩子说话，而是自己滔滔不绝地疯狂输出；总是打断和主导谈话，将自己的观念强加在孩子身上；做得隐秘一点的父母，虽然在假装倾听，但却摆出一副对孩子的话题"不感兴趣"的敷衍姿态。

第二种，内疚感引导。这是指通过引发孩子的内疚感来对孩子进行控制。比如："你看因为你考得不好，你爸爸的高血压都犯了。"又如："你这种做法，让我和你妈妈怎么在老师面前抬得起头？"

第三种，撤回爱。这也被称为"有条件的爱"。倘若孩子的表现没有达到父母的预期，父母就表示"不要你了"或者"不再喜欢你了"。这种撤回爱的方式，很容易导致孩子感觉自己不值得被爱。

第四种，不承认情绪。孩子骑自行车摔了一个跟头，疼得流下了眼泪。有些父母非但不关心孩子的伤势，还在旁边轻描淡写地说："有什么好哭的。"

以上这些心理控制的方式都可能让孩子逐渐变得沉默寡言，无话可说，不敢反驳。这也将逐渐内化成孩子日后的情绪问题，让孩子即使在成年后也容易焦虑、抑郁。

⊕ 小心"共生吞没"，筑建空间边界感

什么是共生吞没？"共生"，原指两种不同生物之间所形成的紧密互利关系。在家庭关系中，"共生"则是不同的家庭成员之间形成的紧密互利关系。**适度的家庭共生是必要的，是亲子之间的纽带，但不少父母对孩子有过于强烈的共生需求，这就会导致孩子的生命力在客观上遭受父母的吞没。**

比如有的孩子明明已经上了寄宿制高中，但妈妈对孩子依旧十分依恋，每天不和孩子打几个电话、进行一次视频通话就会浑身难受。如此一来，孩子不仅被耽误了大量学习时间，还可能被周遭的同学嘲笑为"妈宝男（女）"。

又比如有些孩子已经成年了，却仍旧会和妈妈（或者祖母）

挤一张床；一些家庭 5 口人使用的都是同一个牙刷杯，洗澡也用同一条毛巾；更夸张的是，接近成年的女儿明明坐在马桶上如厕，爸爸却若无其事地到洗手间里剃须。

这样的家庭就存在着太多的"共生吞没"，家庭的"共生"消除了成员之间的差异，使他们融合成了一个人。从这样的家庭中走出来的孩子，要么因抗拒"共生吞没"与家庭成员发生激烈的对抗；要么就在"共生吞没"中真正地被吞噬，长大后可能拥有比较严重的恋父或恋母情结，继而在亲密关系中更容易遭遇危机。

ⓟ 拒绝"包办父母"，筑建能力边界感

能力边界感更容易被忽视。

很多家长的第一反应是：学生的主要任务是学习。这句话原本没有错，但当"主要任务是学习"变为"唯一任务是学习"的时候，孩子就会由于"包办父母"（有时是"包办祖父母"）没有能力边界感，在生活上接受过度的"关怀"，以致除了"做题能力出众"，其他能力丧失殆尽。

已故"天才少年"魏永康的案例就让人扼腕叹息。魏永康 13 岁时考上湘潭大学读本科，成为当时湖南省年龄最小的大学生；17 岁时又考上了中国科学院的硕博连读研究生。但由于生活

自理能力太差，同时知识结构也不适应中国科学院的研究模式，他最后被学校劝退。

魏永康从"东方神童"到被劝退回家，最后悔的莫过于他的母亲。因为从小到大，其母为了让儿子专心读书，不仅包揽了端饭、洗澡、洗脸在内的一切事务，甚至在魏永康读高中的时候，其母还在给他喂饭。来到北京读书后，身边突然没了母亲的照料，魏永康的生活完全不能自理。某年冬天，魏永康身着单衣、趿着拖鞋逛天安门，周围的游客都视他为怪物。

《基业长青——企业永续经营的准则》的作者之一，管理专家吉姆·柯林斯曾说："最杰出的企业家，追求制造时钟，而非成为报时人。"同样，高水平的父母也会在亲子之间筑建能力边界感，授孩子以渔，而非授孩子以鱼。

最后的话

好的亲子关系，自带边界感。当你能警惕"心理控制"，有意识地避免4种典型的心理控制方式，筑建心理边界感；小心"共生吞没"，觉察和控制自身的"共生"需求，筑建空间边界感；拒绝"包办父母"，授孩子以渔，而非授孩子以鱼，筑建能力边界感：你也能成为优秀的父母。

教育的最高境界，是唤醒孩子的内驱动力

如果你去采访一些超级学霸，其中不少人会说，自己小时候并不爱学习，甚至就是小"学渣"。但他们后来都逐渐拥有了内驱动力，接着仿佛装上了小马达一样，拥有源源不断的前进能量。

曾有教育博士说："天赋也好，家庭环境也罢，真正推动一个孩子不断努力、持续进取的力量，其实正是他们后天被唤醒的强大内驱动力。"这也是教育的最高境界。

那么，到底怎样才能不靠控制手段，让孩子心甘情愿地做事呢？如何才能唤醒孩子的内驱动力呢？

内驱动力

什么是内驱动力？在详细地说明这个概念之前，我想请你先

来做一个思想实验。

请想象你和爱人刚吃完饭，你正准备站起来收拾碗筷，你的爱人便说："对，站起来把碗筷收拾了。"

你把碗放进洗碗槽，爱人又追过来，伸出一根手指，指着一块绿色的洗碗用品："来，拿这块海绵，用洗洁精洗。"

你洗好碗，正打算把洗干净的碗放进碗柜，爱人又在你面前指手画脚："放到碗柜最左边，等一下，没放整齐，拿出来重放！"

到这里，你脾气再好，恐怕都忍不住抓狂，甚至想把一整摞碗塞到他手上，撂下一句："你行你上，要整齐，你自己放。"

你看，原本在洗碗这件事情上你是有内驱动力的，但旁边有个人总是指挥你这样做那样做，你就会产生一种反感情绪；多来几次，你甚至连做都不想做了。

人，无论是大人，还是孩子，都是有情绪的。

一个人的语言和行为激起的情绪，正在消弭甚至摧毁另一个人的内驱动力。

现在，让我们回到内驱动力的概念。从专业角度来讲，内驱动力是指在有机体需要的基础上产生的一种内部推动力，换成通俗的语言，就是这股推动力完全来自自己。比如饿了想吃，渴了要喝水，看到地上有污渍就觉得不舒服、想要找一张餐巾纸去擦干净，这些都来源于内驱动力。

可是，内驱动力一旦被外部力量裹挟，人一旦被强制要求执行，哪怕一开始自己也打算这么做，但由于受到了外部干扰，尤其在丧失自主选择权的情况下，内驱动力就会丧失。

比如你平时可能会这么对待孩子：看到他在看电视，你就叫他现在就去做作业，"立刻，马上！"；见到他写字歪歪扭扭，你命令他擦掉，"重写！"；他如果没有行动，你会一把抓过橡皮，把字用力擦掉，然后指着刚才被擦干净的地方，大喊"快写！"。

结果，孩子一咧嘴，哭了。接下去的一段时间就会浪费在"文斗"上，有时还会升级为"武斗"。由此，孩子的内驱动力就是在"自主选择权被严格管控"的情景下越来越少，逐渐"凋零"。然而，许多父母很可能并不自知。

⑪ 如何唤醒孩子的内驱动力？

想要唤醒孩子的内驱动力其实并不难，有两种简单的策略非常有效。

策略一，践行"选择权策略"，给孩子选择的权力。

比如马上要吃饭了，你让孩子来吃饭，可他就是坐在沙发上不动。你的控制欲大概率立马就被激发出来了。按照以往，你极有可能会走过去拿起遥控器，直接关掉电视；如果孩子把遥控器搂在怀里，你会一把拔掉电视机的插头。

但，这样能解决问题吗？孩子会不会站起来和你说"我不饿"，然后就把自己锁进房间里呢？退回到这个场景的最开始，你该怎么办呢？

我把接下来的这种解决方案称为**"选择权策略"**。

你可以在饭菜做好前的 10 分钟说："阿宝，你要在 5 分钟后吃饭，还是 10 分钟后吃饭呀？"

这时，孩子可能会说："10 分钟吧。"孩子觉得自己占到了"便宜"，而你则通过"选择权策略"，不留痕迹地引导了孩子，帮助他做好了时间安排。

策略二，践行"连接策略"，让孩子与你希望引导的目标产生连接。

以我自己为例。以前刚上初中的时候，我的作文写得蛮差的，不过有一次写周记，班主任说我的文风有点像《围城》的风格。正好有一次我看到书店里有一本《围城》，翻开第一页就看到作者介绍：钱锺书，生于 1910 年 11 月 21 日。这位作家居然跟我同月同日生！

从此以后，我不仅爱上了《围城》，而且每当对写作文产生畏难情绪的时候，总有一个声音会告诉我："大作家都和你同月同日生，写一篇作文有什么好怕的？"

高中时，我又偶然发现法国文豪伏尔泰竟然出生于 1694 年 11 月 21 日，这又增强了我写作文的内驱动力。

结婚后，我有了儿子，他刚开始接触作文的时候，畏难情绪比我小时候还强烈，然后我就找了个机会告诉他，"中国现代有位特别厉害的作家叫张爱玲，她和你同月同日生。"

这个"名人生日"的"连接策略"明显让儿子在心理上获得了内驱动力，这让他遇到以前最头痛的作文时也有了更强的心理能量。从此，他不仅不再害怕写作文，而且还开设了自己的微信公众号，写下了《我和大蓝的一天》《我最喜欢的食物》《国宝大熊猫》等文章，其中《我和大蓝的一天》阅读量超过了 10 万次，这让儿子在获得正反馈后对写作这件事情更喜爱了。

事实上，只要在网上输入任何一个日期，都能找到一个和自己同月同日生的名人。当你的孩子遇到困难时，你把和孩子同月同日出生的名人及其相关事迹告诉孩子，或许就能让孩子获得心理能量，这种心理能量能在很大程度上帮孩子找到某个方面的内驱动力。

最后的话

内驱动力作为一种由内而外产生的动力机制，容易受到外部力量的干扰。一旦外部力量对孩子指手画脚，剥夺了孩子的"选择的权力"，内驱动力也会逐渐消失。

要唤醒孩子的内驱动力有两种策略。第一，践行"选择权策略"，把选择的权力交给孩子；第二，践行"连接策略"，让孩子与你希望引导的目标产生连接。希望你今天就开始尝试践行这两种策略，从此唤醒你的孩子的内驱动力。

内心焦虑，是因为缺乏认知

很多父母都会陷入内心焦虑的旋涡：他们见不得自己的孩子太闲。以前，他们是报各种培训班；现在，他们则是买各种课程，以此来"充实"孩子的业余生活。

尤其是在微信朋友圈看到好友的"牛蛙孩子"后，他们更是为自己塞满孩子的空余时间找到了充分理由。可是，这样做真的对吗？父母的努力是否真的获得了效果呢？

ⓘ 以终为始

很多时候，父母想要帮助孩子进步的心是好的，但如果缺乏认知，再好的出发点也只会办糊涂事，因为在很多父母的头脑"操作系统"中，缺乏"以终为始"的思想。

什么是以终为始？这个词出自史蒂芬·柯维的《高效能人

士的七个习惯》。在育儿场景中，**它是指父母在计划采取行动帮助孩子之前，需要先在脑海里酝酿，然后进行实质创造，换句话说，就是先想清楚目标，再努力实现它。**

比如父母决定给孩子买一门线上课程，在买之前是否确认过，这门课程是否是孩子需要的以及他为什么要上这门课程呢？我曾问过一些父母，他们买课和报班无非出自如下 3 个误区。

第一，其他孩子都在上课，自己的孩子也不能落后。这是典型的从众心理，但遵循了从众心理的父母一定没有思考过：如果这门课程其他孩子都上，孩子有何独特优势可言？

第二，某名人推荐，一定是一门好课。因名人大咖推荐而买单的父母则犯了屈服于权威心理的错误。的确，名人说的话会让人觉得有说服力，但这也并不是父母为孩子买课和报班的理由。

第三，父母小时候有未竟梦想，希望下一代实现。最典型的是钢琴梦这类梦想，父母小时候家里没有条件学钢琴，现在物质条件好了，希望自己的孩子考一个钢琴十级证书，圆自己未竟的梦想。然而，这样的父母却很少去想，这究竟是自己的人生，还是孩子的人生？

而从这 3 个误区里走出来的策略就是"以终为始"，**因为对于做一件事情，"为什么"比"怎么做"更重要。**比如了帮助孩子发现自己的天赋，让孩子去接触各种课程，看他对哪一门课程感兴趣；又如为了让孩子在将来的中、高考中获得更高的英语分数，有机会考入双一流高校，让孩子不断地提高英语词汇量。

父母只要做到"以终为始"，真正占用的孩子的时间其实会比盲目安排少很多。这样一来，孩子的压力也小，你也能真正为孩子的将来铺路。

分解践行 3 步走

厘清了"以终为始"的目标，接下来就是和孩子一起讨论，如何通过目标分解的办法分解这个目标，把它变成一个个可以每天执行的小目标。

我们以提高中、高考成绩，积累英语词汇为例，父母可以在充分获取孩子认同的情况下与他一起分解某个学期的目标。

比如假设六年级英语一个学期的大纲词汇量是 270 个左右，那么将其分解到一个季度的 90 天内，每天只要背 3 个单词就能实现这个小目标了。当然，由于新背的单词容易被遗忘，所以有策略的父母可以结合艾宾浩斯遗忘曲线，与孩子一起制订对前一天背的单词的复习计划。接下来的任务就变得很简单了，孩子只要每天根据自己参与制订的计划进行，英语水平就不会太差。

又如很多人都知道，跳绳是促进孩子青春期发育的一项良好运动。但孩子很懒，不愿意跳绳，怎么办？有策略的父母可以和孩子一起商量如何对抗惰性。当然，在此之前，父母自己可以先做一些功课，并在交流的过程中对孩子进行引导。这个过程可以分为3步。

第一步，共情。父母可以说："你知道运动对长高有好处，但每天上学就已经很累了，于是不太愿意动了，对不对？"这时，孩子很可能觉得你懂他，于是愿意与你就这个话题继续展开对话。

第二步，试错。父母可以先抛一块"砖"，用来"引玉"。比如父母可以说："如果你觉得一个人跳绳没有动力的话，妈妈或者爸爸可以和你一起跳，你觉得怎么样？"在你的这块"砖"抛出来后，有些孩子会接，觉得这样安排不错；但有些孩子会觉得哪怕父母陪练也还是没有动力。

这时，你可以继续"试错"，比如你问他："要么我们一起来制订跳绳计划，什么时间跳，每次跳多少下，都由你来定，怎么样？"此时，由于制订计划的权力掌握在孩子自己手上，他的积极性大概率会被你调动起来。

不过，我猜你可能会担心他制订的计划不合理。比如每天晚上睡觉前跳2下，这样目标不是依旧达不成吗？如果他真定了这么个小到不可思议的目标，我要恭喜你！因为这是一个"微目标"，它能有效地让人克服惰性阻力，真正地行动起来。而且，当你和孩子真的一起行动起来后，惯性就会让你们不止跳2下，而是会继续跳更多下。

退一步讲，哪怕某一天孩子真的只完成了"微目标"的量，这仍旧是一件好事情。因为在完成"微目标"的过程中，完成目标的成就感会在孩子的脑中留下烙印，这样的烙印多了，行动就会逐渐变成一项习惯。而一旦习惯养成，它就如同每天起床后不刷牙就会感觉难受一样，变成一件孩子每天都会主动去做的事情。此时，离实现你们共同的目标也就不远了。

第三步，践行。 正所谓"流水不争先，争的是滔滔不绝"。当你和孩子能就某个目标达成一致，并日拱一卒地开始践行后，量变终将引起质变。微小的改变就如同嫩芽，会在以后的岁月里逐渐地成长为参天大树。

最后的话

父母可以为孩子铺路，但请不要盲目安排。在进行一项计划前，请确认自己不是因为从众心理，不是因为权威效应，更不是为了圆自己少年时代未竟的梦想，而是真正"以终为始"地为孩子的将来考虑。这样，你不仅不容易焦虑，而且也并不会占用孩子过多的时间。

同时，为了让计划变成现实，你也可以根据分解践行 3 步走，与孩子共同制订行动计划，并把计划落实为每天的行动，最终获得你们最初想要的结果。

真正成熟的父母，都知道如何接纳

你可能经常会看到一些文章中写道："接纳孩子的不完美，是天下父母的必修课。"这些文章引经据典，词句优美，让你看完后不禁感叹，的确，"接纳孩子"这件事情很重要。

可是，究竟要如何接纳呢？自己内心的情绪有波澜时，虽然明明知道"要接纳"，可又偏偏不知道该"如何接纳"，这简直就是要憋出"内伤"。

本节，我们就从 3 个策略入手，掌握"如何接纳"，成为真正成熟的父母。

⑨ 策略一：很正常，没什么

"很正常，没什么"，这是一句内心的独白。当你在和孩子的沟通场景中发现控制不住自己的控制欲时，这句独白能迅速地给你一丝清明，帮你平复情绪。

比如孩子有一件东西找不到了，这是时常会发生的事情。他跑来向你寻求帮助，你告诉他你在某个抽屉里看见过。几分钟后，他又哼哼唧唧说还是没找到。

此时，你的不耐烦情绪大概率已经起来了。如果你选择顺应自己的情绪，任其发展，你可能就会说"你看你，每次东西都不知道放好，这下找不到了吧，正好给你长长教训"；又或者你可能在心里埋怨他并没有好好找，他可能存在一种依赖心理，那你们会陷入另一种情绪矛盾。

但此时，如果你对自己说一句"很正常，没什么"，因为自己也时而会发生找不到东西的情况，这时，你的心境就会发生变化。毕竟，根据统计，哪怕是一个职场人士，一年花在找东西上的时间也有 150 小时左右，用每个工作日工作 8 小时来计算，每年也有将近 19 个工作日都在找东西。更何况，他还只是个孩子。这样一想，你是不是就更容易接纳孩子的这个缺点了？

所以，学会告诉自己，在小事上犯错，"很正常，没什么"。

⑨ 策略二：无条件的积极关注

无条件的积极关注是一项心理学策略，它由美国心理学家罗杰斯首次提出。在育儿场景中，这种策略要求父母**以积极的态度看待孩子，对孩子的言语和行为的积极面、光明面给予有选择的关注，利用他们自身的积极因素促使他们发生积极的变化。**

这样讲有些抽象，我举个例子你可能就明白了。比如一个孩子写字写得很慢，如果你是他的父母，发现他习惯"看一个字写一个字"，可能就会忍不住指出他的写字方法有问题。这时，你可能忍不住去纠正他，和他说："你要看一句写一句，而不是看一个字写一个字。"这时，有经验的父母大概率能预测到：孩子会马上产生一种反弹式的抗拒反应，又或者他嘴上不说，但依旧我行我素。

但如果你换一种方法，采用"无条件的积极关注"策略，你就可以在某一次孩子写字稍快一些的时候，选择性地抓住这次机会，并及时给予肯定，然后再提出："你目前的这个方法是可以的，与此同时，我还有一个效率更高的办法，那就是看一句，把它记在心里，再把它写下来。"通过使用这种策略，孩子接受你的建议的概率会更高。

在这里，有两个关键。

第一，避免使用"你要"。我们在说"你要"的时候，通常都是从"事情"的本身出发，却从未顾及孩子的感受。在"你要"的驱使下，孩子会觉得自己就是一个工具，在被你操纵，会感到特别憋屈和难受。

第二，避免使用"肯定＋但是"的句式，而是使用"肯定＋与此同时"的句式。"肯定"是你在这次行动中找到的他身上的闪光点，可一旦加上了"但是"，闪光点就会被抹去；而"与此同时"则不同，它是在闪光点的基础上进行的叠加，在这个语境下，你给出的"更优方案"才更容易被接受。

⚲ 策略三：3 步接纳孩子的情绪

心理学家武志红曾说，他有一句非常喜欢的话："自体都在寻找客体，我永远在寻找你。攻击性，就是我在寻找你时的动力。"

在这里，攻击性就是情绪。孩子虽小，但也有情绪。**负面情绪是一股黑色能量，正面情绪是一股白色能量。当父母学会了如何接纳孩子的负面情绪，孩子的黑色能量就能转化为白色能量。**

比如有一次，我听到爱人和儿子为了始终背不下来一篇英语课文的单词陷入了情绪之争，两个人大声吵架。没一会儿，他们从其他房间一路吵到我所在的书房。我看到两个人都很激动，儿子在不住地抽泣。

我先安抚妻子，然后和儿子说："阿宝，你背不出英语单词，自己也很着急，对吗？"他点了点头。我继续说："我知道你现在情绪很激动，你觉得需要 10 分钟还是 15 分钟可以让自己的情绪平复下来？"他一边哭一边断断续续地说："大概，大概 15 分钟吧。"我说："好的，那我们 15 分钟后再一起看看这篇课文的单词怎样才能更容易地记住吧。"之后他就在我旁边继续哭，哭声越来越小，等过了差不多 15 分钟，我感觉他的情绪平复了，然后我俩一起进行头脑风暴，运用了谐音法，把他觉得总是背不下来的单词给背了下来。

拆分整个过程，我一共运用了 3 个步骤接纳孩子的情绪。

第一步：共情。说出他当下的情绪状况可能是什么。

第二步：给时间。任何人的情绪平复都需要时间，尤其是孩子，他们摆脱负面情绪的时间可能更久。很多控制型父母总是期待孩子能突然平复情绪的想法，其实是天真的一厢情愿。

第三步：解决具体问题。我们一直听说：先解决情绪问题，再解决具体问题。你在用前两步解决了情绪问题后，再利用成年人更丰富的经验，帮助孩子解决具体问题。如此，你就能在这整个过程中，通过接纳孩子的情绪，将孩子的黑色能量最终转化为白色能量。

真正成熟的父母都知道如何接纳，具体的接纳方法也并不复杂。

第一，习惯在孩子因小事犯错时，用"很正常，没什么"给自己的情绪松绑。

第二，以积极的态度看待孩子，对孩子的言语和行为的积极面、光明面给予有选择的关注，利用他们自身的积极因素促使他们发生积极的变化。在沟通时，尽可能避免使用"你要"；并且经常用"与此同时"来代替"但是"。

第三，接纳孩子的情绪需要使用 3 步法，即"共情、给时间、解决具体问题"，把孩子的黑色能量转化为白色能量。

父母真正的优雅，是把权力还给孩子

网上有一句梗：有一种冷叫作"我妈觉得我冷"。

初听，我感觉这只是一句玩笑话。但当自己真正从子女的角色转变为父母后，每当看着孩子在家里只穿着一件贴身秋衣坐在书桌前做功课时，我自己有时都会忍不住想开口让孩子添一件居家服。

是的，无论是"我妈觉得我冷"，还是"我觉得孩子冷"，这些都是父母对孩子的爱护，担心孩子生病着凉。但从孩子的视角来看，这却是对他们"真实感受"的否认。

而当父母的"觉得"和孩子的"真实感受"起冲突时，亲子间"权力的争夺"就开始了。

权力的争夺

什么是"权力的争夺"？这是亲子之间经常发生的情况。在某些特定的时刻，你持有一种意见，孩子则持有相反的意见。当你们双方谁都不愿意屈从于对方时，一场权力的争夺就此展开。

在育儿场景中，权力的争夺初期可能是观点与观点之间的碰撞，而到后期则往往会演变成父母与孩子之间的情绪之争。当双方发生情绪之争后，尤其对孩子而言，哪怕你的推理再严密，道理再正确，他都不会选择听你的。而且当父母用"强权"强迫孩子服从时，孩子还可能会采取报复手段。

有些报复手段是显性的，比如提高嗓门，故意把东西打翻，男孩子可能会用胳膊肘把门砸坏，用拳头猛击墙壁直到手指关节出血；有时当你和孩子发生肢体冲突，孩子也会夺走你手上的"武器"，并破坏它。有些报复手段则是隐性的，比如孩子把自己锁在房间里，吃饭的时候也不出来，或者背着你饮酒、抽烟。

是的，权力的争夺经常会把孩子推向父母的对立面。少数情节严重的叛逆小孩会出现离家出走，甚至企图自杀的情况。

⏾4 个步骤避免权力的争夺，真正把权力还给孩子

就像我们在之前的内容中提到过的，孩子控制理性的前额叶皮层尚未发育完全，而前额叶皮层早已成熟的父母自然更理性。所以，与其陷入权力的争夺，把孩子变成越来越叛逆的娃，还不

如做优雅的父母，把权力还给孩子。

具体要怎么"还"才能有效果呢？下面我来说说"优雅还权"的 4 个步骤。

步骤一：保持冷静。

在面对孩子可能的权力的争夺前：千万别上头，千万别上头，千万别上头！重要的事情要说三遍。毕竟，我们是前额叶皮层更发达、更理性的成年人，这是我们的优势。

当然，如果一旦发现自己的情绪开始有起伏了，在回应孩子前，刻意进行停顿是一个绝妙的办法。有一句话我特别喜欢：**刺激与回应之间存在一段距离，成长和幸福的关键就在那里！** 当你找到那段距离，刻意进行一次停顿，你完全有机会不被情绪左右，成为更理性的父母。

步骤二：进行用"我"开头的表达。

冷静做到了，接下来就是进行用"我"开头的表达。为什么要用"我"开头，而不是用"你"开头呢？我们以孩子只穿了一件贴身秋衣在书桌前做功课、你担心孩子着凉为例，请以孩子的视角感受一下这句话："你怎么只穿秋衣做作业？这样会感冒的。"这是不是有一种埋怨、责备的味道？如果你把这句话换成以"我"开头："我发现你只穿了一件秋衣在做功课，这样会感冒的。"此时，责备的感觉消失了，关心的感觉反而出来了，对不对？

因为人都是有情绪的，"你"开头的句子携带的埋怨、责备语气很容易激发孩子的负面情绪；而用"我"开头的句子蕴含的关心语气则更像在描述一个事实，不太容易引发情绪之争。

步骤三：避免使用控制性语言。

什么是控制性语言？它是指父母在与孩子交流时，基于控制和权威，旨在让孩子遵从自己的意愿和期望的语言。这种语言可能包括命令、指令、威胁、批评、责备、道德化等因素。

比如下面这些语言。

你立刻给我把衣服穿起来！你快点呀！

快点去给我洗手，听到没有？

你要乖一点，乖孩子才讨人喜欢。

你倒不倒垃圾？我们家里不养懒人，不倒我们就把你赶出去。

这些控制性语言是不是一听就很让人不舒服？成年人听了都觉得很烦躁，更何况接收者还是个前额叶皮层尚未发育完全的孩子。

步骤四：说出你的请求，但选择权在他。

好，关键的一步来了。不能用控制性语言，但我们可以说出请求。"请求"是指提出要求，希望得到满足。这是一种需要征得对方同意的诉求，"同不同意""如何同意"的选择权都在对方手上。

比如你可以把前面那几句话改成这样。

今天的温度只有18℃，我担心你穿得少，明天可能会感冒。你要不还是再穿一件衣服，你选择穿哪件，我可以帮你拿。

不洗手是你的选择，同时，也请考虑一下，如果你把细菌吃到肚子里，下午可能会拉肚子。

我现在需要安静，你可以选择在这个房间里保持安静，也可以选择去其他房间玩。

饭后我们一共有两个任务，收拾碗筷并洗碗和倒垃圾。我请你从中选一个，另一个我来完成。

当你用"请求"而不是"控制"的方式说出这几句话，再用柔和但坚定的语气让孩子去选，这种方法虽然未必每次都奏效，但也可以有效避免"权力的争夺"，而且孩子接受你"请求"的概率也会大大提升。

　　父母真正的优雅，是把权力还给孩子。当父母努力避免和孩子陷入"权力的争夺"，并通过"保持冷静""进行用'我'开头的表达""避免使用控制性语言""说出你的请求，但选择权在他"4个步骤把权力真正还给孩子后，孩子也会习得这种策略，也能在今后的漫漫人生路上与他人进行良好的沟通，并通过双方都乐意的合作达到共赢的目标。

无法改变又不能接受的事情，就请先放一放

有这样一句话我一直非常喜欢，对我来说也非常有用：

无法接受的就改变，

无法改变的就接受，

无法接受和改变的就先放一放。

我把这句话分享给父母后，他们也觉得很治愈，因为"放一放"的确可以帮我们放下执念。

放一放对孩子未竟之事的期待

特别是在孩子成年之前，每一对父母都会对自己的孩子有所期待，这是一种很正常的现象。可是，当孩子的表现并没有达到

自己的期待时，父母就会焦虑，然后还会想方设法寻找各种途径帮助孩子快速成长，让孩子早日达到自己的期待。

比如孩子期末考试时，我们会天然地期望他能考好；孩子竞选班干部时，我们也十分渴望他能成功当选。**但有些期待暂时没有实现的路径，却成了父母的"执念"，这样不仅孩子苦，父母自己也得不到内心的平静。**

我很感谢我的父亲。因为当我还是一个小学生的时候，我的成绩非常普通，甚至有一次数学考试我只考了 60 分。当时，我被数学老师当着全体同学的面下过"你可能会留级，要小心一点"的结论。不得不说，彼时，我幼小心灵承受的压力是很大的。但父亲并没有再给我施加额外的压力，反而像个没事人一样，在我的考卷上签完字后，鼓励我去找到自己在数学学习中的薄弱环节来发力。

到了初中，我遇到了我人生中的第一位贵人——我的班主任施老师。她觉得我有很多想法，于是让我做了小队长，让我策划小组活动；从这一刻开始，我进入了人生的拐点，我的成绩开始快速提高。六年级结束时，我爬到了班级第十名；七年级期末考试，我考出了班级第二名、年级前二十名的成绩，并且顺利地被推举为班级里的中队长兼文体委员。之后的学习道路就相对顺风顺水了，因为有过当中队长的经历，后来我一路做了班长、团支部书记，高中毕业时还获得了"上海市优秀毕业生"称号。

我之所以要和你说我自己的经历，是想和你分享：**孩子一开始看起来不怎么"灵光"是很正常的，但一旦孩子遇到了某些特殊事件，或者自己就觉醒了，他也有"大器晚成"的可能。**

所以，与其为现在孩子为什么还没有达到你的期待焦虑，不如先放一放，说不定你的孩子和少年时的我一样，在某一天突然就进入了拐点，进步神速。

◯ 放一放孩子的弱点

每个人必然有自己的优势，同时，也必然有自己的弱点。我们成年人如此，孩子也是一样的。所以，父母的使命，不是尽可能地去补孩子的短板，而是发现孩子的优势，让孩子长大后通过自己的优势成就一番不同凡响的事业。

美国教育学家和心理学家霍华德·加德纳在其著作《智能的结构》中，首先系统地提出了"多元智能"的模型，其中的多元智能如下。

言语语言智能： 善于灵活运用语言来理解和表达的能力。

数学逻辑智能：理解逻辑结果关系，善于进行推理的能力。

视觉空间智能：感受色彩和空间位置，善于思考和想象三维空间的能力。

音乐韵律智能：感受、辨别、记忆和表达音乐与韵律的能力。

身体运动智能：协调身体以及平衡、力量、速度和灵活性方面的能力。

人际沟通智能：感知并适当回应他人情绪的能力。

自我认识智能：认识、洞察和反省自己，了解自身优缺点的能力。

自然观察智能：观察自然事物，辨认、分类和洞察自然或人造系统的能力。

比如我的表弟，他小时候数学逻辑智能相对比较弱，数学考试成绩始终提不上来，这是他的短板；但后来，他发现自己的言语语言智能很强，喜欢和别人交谈。当他充分使用并打磨自己的优势后，通过时间的积累，他现在已经是一位财经自媒体达人，在微博上坐拥20多万名粉丝了。

ⓟ 放一放，也是放过自己

是的，放一放，也是放过自己。因为当我们心存某种执念又不可实现的时候，目标和现实之间的落差就会形成一种结构性张力。这种结构性张力在某些时候的确会产生一种动力，可以逼迫我们内心的动力机制运作起来，这种动力是好的，是促使人们不断进步的白色能量。

但这个世界上并非每件事情都能马上出现一条清晰的解决路径。当这条路径尚未出现，而你还在这条路径的起始处举目张望、付出努力，却依旧"求而不得"的时候，之前的结构性张力所产生的动力就会逐渐由白转灰、由灰入黑，变成"自己放不过自己"的黑色能量。

有人说，人生共有8苦。有些苦，是我们不得不接受的苦，所以我们需要用平静的心态去接纳它们；有些苦，是我们可以通过内在修炼不断改变"因"，继而改变"果"的苦，所以我们可以用勇气去真正地改变它；而有些苦，是暂时跨不过去的"苦"，也是暂时无法接纳的苦。没有关系，那就把第三种苦放一放，因为，放一放，也是放过自己呀。

最后的话

无法改变又不能接受的事情，就请先放一放。

请放一放对孩子未竟之事的期待；放一放孩子的弱点，帮助他们找到自己的优势。

最后，也把"求而不得"的苦放一放，从而放过自己。

03

控制欲"上头"十大场景

别用情绪，用好策略

孩子做功课磨叽，忍不住想发火，怎么办？

很多父母都有这样的苦恼：自家"神兽"坐在写字台前，不是一会儿玩橡皮、一会儿发呆，就是 10 分钟前在做这道题，10 分钟后还是在做这道题。

看到这种场景，你心里的一股无名火就会自动蹿上来。有时实在没办法，你只能搬个小板凳坐在旁边盯着，他才一会儿看看题，一会儿看看你，动笔写起来。但只要你一离开，他就马上故技重施，坐在那儿磨磨叽叽，架势是不错，但就是不写作业，怎么办？

⊙ 磨叽的原因

要解决这个"怎么办"的问题，首先我们要了解孩子磨叽的根本原因是什么。事实上，孩子磨叽通常有 3 个原因。

首先，从脑科学的角度来说，孩子磨叽的一个重要原因和**人类大脑发育进程有密切关系。**大脑中有两个区域每天都在互相牵制，这决定着人们的日常行动。比如当你看到一支冰激凌，**你大脑中负责情绪的边缘系统就会活跃，**让你产生想要立刻吃掉它的冲动；但同时**负责理性的前额叶皮层又会赶紧用理性抑制这种冲动，**于是，你会告诉自己，吃冰激凌会导致热量摄入过多。

　　但在人类大脑发育过程中，前额叶皮层发育时间始终晚于边缘系统发育时间，边缘系统通常在人类 12 周岁时就完成了发育，而前额叶皮层则要在人类 25 周岁时才能完全发育成熟。所以，孩子在面对学习时，前额叶皮层的理性力量抵不过边缘系统的活跃性，孩子更容易走神、磨叽，这是符合自然规律的。

　　其次，部分孩子的磨叽是父母"培养"的结果。一些焦虑的"老母亲"在看到孩子做不出题的时候，内心会特别着急，经常会直接上手解题，一路上越俎代庖，代替孩子解决问题。这样的次数一多，孩子每次在遇到难题时就会产生**"路径依赖"，即人一旦习惯某种选择，就仿佛走上一条"不归之路"，产生惯性，从而使这类选择不断自我强化，轻易就走不出去了。**这样一来，孩子就会有意无意地通过磨叽来刺激家长，设法从家长处获得题目的答案。

最后，还有一部分孩子磨叽则是由于父母唠叨的频率太高，从而产生了心理学中的"**超限效应**"，即**刺激过多、过强或作用的时间过久，引起极不耐烦或逆反的心理现象**。在超限效应的作用下，孩子不一定明着反抗你，却可以使用磨叽这种被动、隐匿的方式来向你宣示自己的自主权。

ⓟ 应对磨叽的策略

现在，你已经理解了孩子"磨磨叽叽不出活"的 3 个根本原因，接下来，我们就能有针对性地通过策略来解决问题了。

首先，我们要学会无条件地接纳孩子的大脑发育特征。既然我们能够理解老人腿脚不灵便、走路走得慢的情况，为什么我们就无法接纳孩子的前额叶皮层尚未发育成熟，理性力量远弱于感性力量的事实呢？

虽然老人腿脚不灵便是外显的，而孩子大脑的前额叶皮层发育不成熟无法用肉眼观察到，但相信已经有此认知基础的你，可以充分理解这一点，体谅和接纳孩子的边缘系统比前额叶皮层发育更早，孩子因此更容易产生拖延情绪的客观事实，不会再通过随意宣泄情绪或者冷嘲热讽的方式去设法控制孩子。

其次，为了打破路径依赖，父母可以选择让孩子自己去承担

行为所产生的后果。心理学中的"100%效应"认为，如果父母与孩子共同参与一件事情，父母不做其中的30%，孩子就会去做这30%；倘若父母不做其中的70%，孩子自己就会做这70%。因为孩子看到有你在，你每次都能帮他兜底，他就不必承受作业没做完、第二天被老师批评的后果。

但就像一个金句说的那样：**人从来都不是劝醒的，而是痛醒的**。你只有克制自己去身体力行地纠正孩子错误行为的欲望，让他去承受行为所产生的后果，让他去痛几次，路径依赖才能在他感到痛苦后被彻底打破。

最后，要防止超限效应，减少"碎碎念"，你可以通过让孩子尝试"自主选择学习法"，即提前让孩子自己制订学习计划的办法来实现，具体分为3个步骤。

第一步：罗列任务。父母可以和孩子一起梳理今天一共有多少学习任务需要完成，把它们都写在一张纸上或者输入一张Excel表格里，就像列出工作中的待办事项一样。

第二步：任务排程。让孩子自己选择优先完成哪项任务，最后完成哪项任务，计算完成这些任务分别需要多少时间。这一步非常关键，父母需要特别注意，不能妄加干涉。因为自主选择能启动人类心理中的"承诺与一致效应"，人终其一生，无论在哪个年龄段，都在追求内心的自洽，所以既然是自己做出的选择，孩子就有更高的概率在自己规定的时间内去完成。

第三步：反馈并进入下一轮。当孩子完成一项任务后，父母可以用红笔在这项任务的旁边打个钩；如果任务写在了Excel表格里，则可以用绿色对这行进行填充。这种有仪式感的标记任务完成的动作，能让大脑分泌一种叫作内啡肽的激素，让人获得成就感，继而激励孩子在短暂的休息后进入下一轮学习任务的执行过程。

在多次践行这3个步骤，孩子体会到了自己及时完成任务的成就感后，他会自然而然地摆脱对父母的路径依赖，并在父母的策略的帮助下，建立起如同升级打怪一般完成学习任务的习惯，在学习上逐步摆脱磨叽，成为一个学习更主动自发的孩子。

最后的话

孩子的磨叽不是病，父母的催促才"要命"。

现在，你理解了磨叽的原因是掌管理性的前额叶皮层发育晚于掌管情绪的边缘系统，加之父母的妄加干预导致了路径依赖，超限效应引起了孩子的抵触。

针对这些原因，父母只要能无条件地接纳孩子的大脑发育特征，让孩子自己去承担行为的结果，用罗列任务、任务排程、反馈并进入下一轮的"自主选择学习法"来代替"碎碎念"，就能用策略代替情绪，帮助孩子在完成学习任务的过程中获得成就感，进入良性循环。

孩子沉迷游戏，晚上不睡觉，怎么办？

有位妈妈对我说，一天半夜，她起床上厕所，偶然间看到孩子房间门缝底下有亮光。开门一看，孩子居然背着他们偷偷打游戏。这让她顿时火冒三丈，一把抢过他手上的平板电脑，命令他立刻睡觉。

第二天，孩子来问她要平板电脑，她不愿意给，说要没收。为此，孩子已经好几天没有和她说话了，放学回到家，也是直冲卧室，除了吃饭，就是将自己一个人关在房间里。

哎哟，这可怎么办？

◯ 孩子为什么会沉迷游戏？

要解决这个问题，我们要理解孩子沉迷游戏的原因。孩子沉迷游戏，通常有 3 个原因。

第一，父母给了孩子太多的压力。一些父母把大量的注意力都集中在孩子身上，在孩子做功课时也要监工，时不时要过来看看孩子的完成进度；与此同时，每次学校成绩单发放下来后，倘若考得不好，孩子又总会受到指责。这些都会给孩子造成巨大的心理压力，而任何压力都需要宣泄释放的出口。

于是，当偶然进入游戏世界后，孩子会发现这个世界非常精彩，不仅令人欲罢不能，而且现实生活中的各种压力也都可以在打游戏时被抛在脑后。

第二，孩子能在游戏中获得正反馈。游戏设计师由于深谙人性的弱点，所以通常会在游戏中设计大量的正反馈，从而给游戏者以刺激。比如在游戏中杀"死"了怪物，怪物可能会随机"爆"出装备；游戏中，孩子每天都可以免费抽卡，有时使用了专属道具还能进行10连抽，每完成50次抽卡，还能抽到稀缺卡牌。这些都能让孩子的大脑分泌大量多巴胺，让他感到身心愉悦。

是的，正是这些正反馈让孩子牢牢地被游戏吸引。如果每日免费抽卡时间到了，但还不能登录游戏使用该项权利，孩子就会觉得很浪费，产生损失厌恶；而一旦他登录了游戏，那么时间又会过得很快，不知不觉，半小时、1小时就过去了。

第三，在游戏中，孩子还能获得自我肯定。随着孩子在游戏中投入时间的累积，其获得的装备、道具会变得越来越精良；同时，孩子操控游戏角色的熟练度也在不断提升。这就能让他在闯关或者与其他游戏者对战的过程中获得胜利。

请想象一下，当一个在现实生活中总是考低分、受到责难的孩子，在游戏中却成了人人羡慕的"王者"时，那么他就更不愿意离开游戏世界，更愿意把更多的时间，甚至大量的金钱投入其中。

孩子的沉迷程度及应对策略

既然我们已经理解了孩子沉迷游戏的原因，那么接下来，父母该如何引导孩子，防止其沉迷游戏呢？

首先，硬性控制显然是不可取的。就像我们之前说过：父母的真正优雅，是把权利还给孩子。因此，如果孩子的沉迷程度比较轻，孩子只是对游戏感兴趣，父母也不必如临大敌，谈游戏色变，而是**可以采取"堵不如疏"的方式，和孩子约法三章。**

比如我会和我儿子商量，周一到周四学习任务通常都比较重，所以平时就不安排游戏时间了；而周五到周日在校内作业全部完成的情况下，每天可以有 1 小时的游戏时间预算，早点玩、晚点玩都可以。而且，如果周六、周日在 7 点 30 分前起床，则还能额外增加 30 分钟游戏时间，作为周末早起的激励。这个约定到目前为止一直运行良好。

你看，当你和孩子商量着做决定，而不是强行地规定，同时，你还用他喜欢的东西和你希望他做到的事情做一个交换，那么你和孩子就能在可控的范围内实现共赢。

其次，如果出现一方违约，就根据约定实施处罚。 父母和孩子的约定其实本质上与成年人之间的协议是一样的。只要事先协商好，一切都好办。谁违约，谁就承担约定的损失。

家庭教育中，最害怕发生的事情是之前没有约定好，一旦孩子做出让父母不满意的行为，父母就单方面做出惩罚。这样做会让孩子与父母之间的嫌隙增大，让孩子选择不再相信父母。

当然，你可能会说，那万一孩子就如同开头描述的情况那样，半夜偷偷在房间里打游戏，怎么办？也好办，遇到这种情况，你可以选择分 3 步走。

第一步：澄清错误。 找个双方都冷静的时间，和孩子说明这样的行为是不对的。

第二步：重新约定。 如果之前并没有做类似的约定，可以把相关的条款加进去，并与孩子就新的约定达成一致。当然，对于这一次的错误，父母可以选择宽容一点，把该行为认定为"无约定无过错"。

第三步：坚决执行。 如果下一次再发生约定中的违约情况，则按照最新约定的情况坚决执行违约处罚，比如取消一周的游戏时间。

是的，无论是成年人还是孩子，都有"承诺与一致效应"。所以当父母放下自己的控制欲，愿意每次都和孩子就游戏时间、游戏条件、特殊情况做好相应的约定时，孩子便不太容易违反约定，或者哪怕真违反了，也有事先约定的惩罚措施可以依凭。如此一来，哪怕遇到孩子沉迷游戏的情况，亲子沟通也会变得更顺畅，家庭教育则会变得更高效。

最后的话

沉迷游戏不是孩子的错，父母单方面实施处罚则会让家庭教育一无所获。

孩子喜欢玩游戏，是因为：父母给了孩子太多的压力；孩子能在游戏中获得正反馈；在游戏中，孩子还能获得自我肯定。这些都是正常的，可以理解的。

同时，当你能采取"堵不如疏"的方式，和孩子约法三章，如果出现一方违约，就根据约定实施处罚，并在新问题出现后分澄清错误、重新约定、坚决执行 3 步走，那么孩子也能在你有策略的引导下，自觉地与游戏保持距离。

孩子背单词、写作文，变成了你的功课，怎么办？

你家孩子背单词、写作文会遇到障碍吗？有些父母和我说，他们家孩子只要一背单词，背单词就变成了父母的功课；只要一写作文，一家人都必须围着孩子出谋划策。

为什么孩子的作业反而变成自己的功课了呢？这说明当时当刻，孩子已经产生了对父母的依赖心理，至少在目前，他是一个无法独立完成这些作业的孩子。

◦ 孩子的路径依赖

在前文，我们已经讲过路径依赖，这里我们再讲得深一些。路径依赖原本是指人类社会技术演进或者制度变迁具有类似于物理学中惯性的特性，而在孩子与父母互动的场景中，父母一旦做了某些选择，就容易走上一条"不归路"，惯性的力量会让这种选择不断强化，让双方都难以走出去。

比如网上曾有一个故事，说的是一位奶奶接孙子放学，他们在回家路上经常会路过一家牛肉面小店。每次奶奶都会点两碗面，然后把自己的牛肉夹给孙子，让孙子大快朵颐，吃个痛快。

但有一次，可能是店家繁忙，奶奶自己去端面，在把面端到餐桌上之前，已经用筷子把牛肉全都夹进了孙子的碗里。孙子刚准备吃面时，就质问奶奶，这次为什么不把她的牛肉给自己，是不是藏起来了，还是已经被奶奶吃了。奶奶很无奈，哭笑不得。

你看，在这个故事中，孙子已经习惯了奶奶对他好，产生了路径依赖，一旦某次自己没有看见奶奶把牛肉夹进自己碗里，就认为这是不正常的。

同样，在背单词、写作文的场景中，之前父母为了让孩子能快些完成作业，亲自上阵辅助孩子背单词，代劳写作文，可不就和这位把牛肉夹进孙子碗里的奶奶一样，让孩子产生路径依赖了吗？

某一天父母如果因为自己工作繁忙，无法辅助孩子背单词，不能帮助孩子写作文，孩子可不就如同丢失了拐杖，不知何去何从了吗？

我们说：**父母应如灯盏，而非拐杖**。虽然你的出发点可能是让孩子早些完成作业、早点休息，**可你要知道，企图依靠你的**

力量干预孩子正常学习的过程，从而加速该过程的期待也是一种控制欲。一旦你被这种控制欲的诱惑俘获，在某一次做出了成为"拐杖"的选择，你就容易走上这条"不归路"，而惯性的力量也会不断让这种选择强化，令你难以走出去。

如何帮助孩子摆脱学习路径依赖？

如果你的孩子还没陷入任何一种学习路径依赖中，那么恭喜你，这是最好的时候，你只要能在即将做出成为"拐杖"的选择之前悬崖勒马，让孩子发展出独立学习的能力，就能有效避免孩子陷入学习路径依赖。

可是，对很多父母来说，这一切已经太晚了。但是没有关系，想要帮助孩子摆脱学习路径依赖依旧有策略，可以分为3步。

第一步：引导阶段。

在引导阶段，父母可以先自己学习相应的策略，然后把这些学习策略教给孩子。比如在背单词的场景中，我在《抢分：偏科自救指南》这本书里就讲过一种背诵英文单词的"闯关法"。

你可以用一只手捂住英文部分，看着中文部分来背诵单词。但在具体背诵的过程中，单词列表中从上到下有十几个甚至二十个单词，你可以把它们想象成相应的关卡。你可以像闯关一样，从第一关开始闯，一旦遇到你背不出的单词，你就"死"了，必须从头开始。

这是一种把背单词任务游戏化的办法，可以让背单词以玩闯关游戏的方式进行。当然，你可能会认为，如果这样背单词，万一第一关的单词越来越熟悉，后面关卡的单词还比较陌生，怎么办？那你可以倒过来，自下往上来闯关。当你像"赵云单骑救主"一样，从上到下，再从下到上，"七进七出"，你还担心不熟悉这些单词吗？

你看，当你通过自己学习把有效有趣的学习策略演示给孩子后，孩子也能在你的引导下，学会并使用这种学习策略。

第二步：半独立阶段。

到了该阶段，孩子通过学习策略学习的习惯已经基本养成了。此时，父母最大的作用是检查孩子作业的质量，比如帮助他检查背单词的情况。如果条件允许，也可以在发音方面进行一些纠正。

到了这个阶段，父母就可以开始慢慢放手了，你可以买一些有关学习策略的书和课程，让他自己去阅读和学习。同时，如果孩子这段时间的作业质量是好的，你也可以选择减少检查频次。当然，也有可能出现作业质量下滑的情况，在这种情况下，父母依旧不能越俎代庖，而应当在培养学习习惯和运用学习策略方面进行调整。

第三步：放手阶段。

当孩子在学习的"能力"上已经大致没有问题后，最后的放手阶段需要解决的是孩子的"动机"问题。

比如《好妈妈胜过好老师——一个教育专家 16 年的教子手记》的作者尹建莉就认为：不陪，是最好的"陪"。是的，不陪，更可能引发孩子自己学习的动机。

当时尹建莉的女儿圆圆还比较小，尹建莉哪怕自己有时间，也选择不陪孩子写作业。一次，圆圆贪玩忘记写作业，尹建莉也没有指责她，而是让她自己决定怎么做。

结果那天晚上，圆圆一个人熬夜把作业全部补完了。是的，就像我们常说的"人都是痛醒的"，有了这次痛的经历后，圆圆就意识到，写作业是她自己的事情，所以之后她每天回家做的第一件事情就是把作业写完。

没错，父母的控制欲越强，陪伴孩子的时间越长，父母的监督就越会弱化孩子的动机；而当父母能克制自己的控制欲，选择不陪伴孩子学习，敢于放手，把主动权交给孩子，那么孩子的动机就会被强化，孩子就能真正成为自己学习的主人。

最后的话

孩子的依赖，来自父母无法放手的爱。

现在，你已经充分理解了孩子陷入学习路径依赖来自父母成为孩子"拐杖"的选择。你也学习了帮助孩子摆脱学习路径依赖的策略：第一步，引导阶段，教会策略；第二步，半独立阶段，帮助检查；第三步，放手阶段，强化孩子的自主学习动机。

祝福你的孩子能在你努力克制控制欲、放手帮助他学会独立的决心下，成为一个学习有策略、内在有动力的自驱型孩子。

孩子情绪失控，大吼大叫，怎么办？

你是否经历过孩子情绪失控？

在情绪失控状态下，孩子可能会尖叫、发脾气、扔东西。

有一次，我儿子在和他妈妈吵架时情绪失控，他妈妈拿着晾衣架追着他打，儿子则一边大哭尖叫，一边快速地走近家里的台式饮水机。只见他双手把它搬起来，准备往地上砸。还好我眼疾手快，上前阻止，安抚住了两人，最后才不至于造成身体的伤害和财产损失。

是的，孩子情绪失控，父母如果不及时阻止，这很可能会演变成家庭教育中的危险时刻。

情绪温度计

为了避免类似情况的发生，首先，我们需要识别孩子的情绪。这里就要引入一个思想工具：情绪温度计。你可以想象一下，孩子的头上存在一个情绪温度计，温度越高，孩子离情绪失控就越近。

情绪温度计可以分为4挡。

第0挡：0～30℃，为情绪稳定温度。孩子表现相对平静，能和你正常交流。

第1挡：31～60℃，属轻度情绪波动。此时，孩子会有不耐烦、不屑、冷言冷语等表现。

第2挡：61～90℃，属中度情绪波动。孩子会有明显的生气的举动，比如摔门、挑衅、喊叫。

第3挡：91～100℃，则是极度情绪爆发。此时，孩子会大哭大喊、尖叫、咆哮、扔东西，甚至与父母发生肢体冲突。

我们都不希望孩子的情绪温度进入第2挡，更不希望其进入第3挡。所以，对孩子的情绪进行觉察，在他的情绪温度到达临界阈值之前提前干预尤为重要。

可是很遗憾，很多父母的干预方式大多是错误的。

比如，强行控制。 就像上面的案例中，我爱人追着孩子打的方式就属于此列。孩子的情绪管理能力弱，高强度的刺激不仅无法控制孩子的情绪，反而会火上浇油，让孩子的情绪温度从第2挡飙升到第3挡。

又如，**灌输道理**。也有一些父母喜欢和孩子讲道理，这样做，父母的表达欲的确是获得了充分的满足，但孩子却会越听越烦，孩子的情绪温度也会随之缓慢升高。

而且，当孩子的情绪温度越来越高时，父母本身的情绪温度也可能由于被孩子刺激而升高。此时，如果双方的情绪温度都处于高挡位，事情会越来越糟糕。

如何给孩子的情绪降温？

给孩子的情绪降温，有 3 个策略非常管用。

策略一：用好"咒语"，先给自己的情绪降温。

是的，父母需要先控制好自己的情绪，否则如果父母的脾气本身就很暴躁，孩子耳濡目染，自然会认为情绪激动、发脾气都是正常现象。

你可能会说，道理谁不懂，但具体要怎么做呢？除了我们在之前说过的摆脱情绪劫持的策略外，你还记得一句话吗？这句话就是我说的"咒语"，每次我感觉自己的情绪温度快达到 60℃时，这句"咒语"就会自动浮现在我的脑海里：

刺激与回应之间存在一段距离，成长和幸福的关键就在那里！

该"咒语"是一个关键的认知，它总能在必要的时候让人悬崖勒马，令你从"马上回应"的应激状态中清醒过来，从而有效地降低自身情绪温度。

策略二：学会接纳孩子的情绪。

我们之前曾经提到过：先解决情绪问题，再解决具体问题。

当父母和孩子由于某一件具体的事情发生冲突时，很多父母由于缺少共情训练，很难接纳孩子的情绪，因此经常引发情绪之争。

比如孩子放学后把书包随便往地上一扔，你让他捡起来放好，他不乐意。此时，一些父母就觉得孩子忤逆了自己，于是"事态开始升级"，从言辞批评发展到吼叫打骂。原本只是一件小事，到后来却被无限放大。

事实上，如果你能学会接纳孩子的情绪，这种情绪之争就容易避免了。比如当孩子不乐意捡起书包放好时，你可以这么说："你刚刚放学，一定感觉累了，对吧？可是，书包扔在地上也会影响家里的整洁。你看你是打算休息一会儿放好呢，还是打算做作业之前再去放好？"

接纳孩子的情绪，把孩子疲劳的感觉说出来，他会觉得你理解他。对于理解自己的父母，孩子当然更愿意配合。而且，你可能也已经看出来了，在接纳了孩子的情绪后，这里还使用了一个让孩子做选择题的技巧。在情绪被接纳之后，面对选择题时，孩子不会觉得你是在命令他，而是在让他自己做出判断与选择。如此一来，彼此自然不太容易陷入情绪之争。

策略三：使用正向引导，替代负向引导。

在孩子和父母拌嘴的场景中，不少父母会下意识地说"你再犟一下试试？"或者"你再敢回一句嘴试试？"，这些话都是负向引导，只会进一步刺激孩子。

孩子又不懂"刺激与回应之间存在一段距离，成长和幸福的关键就在那里"，他只会立刻产生应激反应，让他自己的情绪温度变得更高。

与其如此，父母不妨忍住负向引导的冲动，进行正向引导：来，我们来解决问题，如果要运动起来，**你觉得需要具备什么要素？**

这里请注意，我们为什么不说"你不愿意运动是什么原因呢"？因为"原因"指向孩子自己，你会让他产生被攻击感；而"具备什么要素"则是客观的，孩子不会有被攻击感。此时，孩子就会思考：周末下午阳光好的时候出去打羽毛球，或者晚上9点洗澡前再去打羽毛球。当这些要素成熟时，他可能才愿意去运动。

最后的话

要想孩子的情绪不失控，父母要有策略。

在用情绪温度计这种思想工具估量孩子的情绪状态后，还要使用三大策略给孩子的情绪降温。

策略一：用好"咒语"，先给自己的情绪降温。

策略二：学会接纳孩子的情绪。

策略三：使用正向引导，替代负向引导。

这样，你不仅能接纳孩子的情绪，也会因为使用了这些策略而成为更好的自己。

孩子缺乏自信，什么事都说做不到，怎么办？

你感觉你的孩子有自信吗？你可能未必能给出答案，对不对？

那我换一种问法：如果你的孩子在课堂上答错了一个问题，引起哄堂大笑，他是会把这次经历变成自己好好学习的动力，还是会觉得很丢脸，以至于下次遇到类似场景不再愿意举手，甚至担心被老师点名发言呢？

又或者每次孩子遇到困难的事情，他是会选择自己研究琢磨，上网去查资料，还是试了没几次，因为没有结果，接着就两手一摊，告诉你他做不到呢？

是的，我想你的心中已经有答案了。毕竟，作为父母，我们都希望自己的孩子充满自信，因为自信的孩子懂得反思，能克服困难，能竭尽全力达到目标。可是，现实中却往往事与愿违。

ⓠ 为什么你的孩子不自信？

孩子天生就是自信的，否则他们学习走路，失败了几次就不再尝试了，那么他们将永远都学不会走路。可是，在他们不断长大的过程中，很多父母却不自知地使用错误的育儿方式。于是，孩子的自信程度越来越弱，有些孩子由于长期不自信，甚至还发展出了处处小心翼翼、总是设法讨好别人的讨好型人格。

错误的育儿方式有哪些呢？主要可以分为下面这3种类型。

第一种，父母经常性地控制和打击孩子。

这是很多控制型父母的通病。比如看到孩子写的字忽大忽小、歪歪扭扭，就压抑不住自己的控制欲，暴力干预，让他立刻改正；或者干脆一把拿起橡皮，猛地把他之前的字迹擦掉，命令他马上重写。在这种情况下，孩子的内心就会受到来自父母的情绪暴击。在这种场景中，他们会一次次地受到暗示：自己不够好。

而当这类暗示出现的次数多了，他们做什么事情都会变得小心翼翼、战战兢兢，生怕自己的行为惹怒了父母。不自信的种子就是在父母一次次地控制和打击孩子的过程中萌芽的。

第二种，父母的鼓励方式欠妥。

很多父母学习过一些鼓励式教育的方式，知道孩子的自信是被鼓励出来的，但他们却"只知其一，不知其二"。因为鼓励的表达是一种观点的输出，而所有的观点都需要事实来支撑。

一方面，这些父母的鼓励言辞很空洞；另一方面，孩子仅仅是做了一件稀松平常的事情，父母都给予鼓励。当孩子的自信是建立在这种虚假繁荣之上时，有一天当他在学校发现完成这种水平的事情根本不值得被鼓励时，他的自信就会瞬间崩塌。

第三种，父母本身的认知就是错的。

比如很多父母认为：失败是成功之母。于是他们就以这样的认知去教育自己的下一代。可是，失败真的是成功之母吗？当一个孩子失败的时候，他首先获得的是负反馈，而负反馈只能让一个心智成熟的人明白这条路径是不通的，应当换一种方式去做；可对于孩子来说，负反馈多半只会让他停止行动。

与之相对的，如果孩子在某方面获得了小的成功，这会给他动力。比如他依靠自己的绘画作品拿到了一位美术老师给的优秀的评语。这次小成功就会给孩子动力，让他在下一次面对绘画场景时更有动力，更愿意投入时间和精力去绘画，从而在这方面做出更好的表现。

所以，成功才是成功之母。父母只有用正确的认知去教育孩子，孩子才不会跌倒，继而在一次次正反馈中不断地培养自信。

如何提升孩子的自信?

想要培养自信的孩子其实一点也不难，我把它分解为 3 个步骤。

第一步，理解"波利亚罐模型"。

我曾在《了不起的自驱力：唤醒孩子的学习源动力》中讲过"波利亚罐模型"。想象有一个玻璃罐，里面装着一黑一白两颗小球，当你的孩子从玻璃罐中摸出任意一种颜色的小球时，就需要放回两颗相同颜色的小球。比如摸到一颗黑球，就要放回两颗黑球。

每次，孩子在获得一次小成功时，就相当于摸到了一颗白球（在获得一次负反馈时，就相当于摸到了一颗黑球），于是当两颗白球被放回罐子中时，罐子中就会有两白一黑总共三颗小球。那么，孩子下一次去摸球的时候，摸到代表成功的白球的概率就会从之前的 1/2 提升到 2/3。当罐子里的白球越来越多时，孩子在这方面的能力就会越出色，自信心自然也就越强。

所以，当你理解了"波利亚罐模型"，你就为培养一个自信的孩子做好了认知上的准备。

第二步，进行"亮点式教育"。

控制型父母喜欢抓孩子的不足，看到自己觉得不舒服的地方就马上进行干预，而聪明的父母则都懂得进行"亮点式教育"。

什么是"亮点式教育"？其实就是父母在发现孩子产生好行为（获得小成功）时，用具体和及时的鼓励来强化该行为（指出孩子摸到了白球）。我们依旧以写字场景为例，懂得"亮点式教育"的父母就会在孩子写出一些好看的字时进行重点强调，肯定这些字写得好。

由于写得好的字被重点强调了，孩子就会觉得原来自己是可以写好字的，这就是父母对孩子能写好字这项具体行为的一种强化，让孩子摸到了白球。于是，孩子在关于写字的"波利亚罐"中的白球就多了一颗，他在下一次写字场景中也会表现出多一分的自信。

第三步，培养孩子写"成事日记"的习惯。

除了口头强化，父母还可以设法让孩子把每天做成的事情写下来。这是来自《小狗钱钱》的作者，德国作家博多·舍费尔的策略。把每天做成的事情写下来，这件事情就成了可视的、摸到过白球的证明。可视化最大的好处在于，如果有一天孩子在这件事情上不小心失败了，摸到了一次黑球，这本"成事日记"就是他自信的最佳凭证。他会觉得，自己偶尔失败一次根本无关紧要。

最后的话

孩子的自信，来自父母的肯定。

父母应识别出过往错误的育儿方式，意识到经常性地控制和打击孩子、鼓励方式欠妥以及自己本身的认知方式是错的。同时，父母要践行提升孩子自信的 3 个步骤。

第一步：理解"波利亚罐模型"。

第二步：进行"亮点式教育"。

第三步：培养孩子写"成事日记"的习惯。

这样才能培养出不断摸到一颗颗白球、充满自信的孩子。

孩子一休息就爱看短视频，该不该管，怎么管？

短视频已经成了我们生活中常见的媒介，其由于时长很短，能让人获得及时满足，受到了包括孩子在内的许多人的喜爱。

有一次，我和朋友们吃饭。其中一位妈妈很苦恼，说自己的孩子总是一休息就看短视频，似乎看短视频已经变成了孩子学习之外的全部。每次她想干预，孩子就不高兴。她很担心自己的孩子会把大把时间都花在看短视频上，于是想请我支招，问我："这种情况到底该不该管，怎么管？"

ⓘ 孩子沉迷看短视频的等级

这位妈妈能抑制自己企图直接干预和控制孩子行为的冲动，已经胜过了 80% 的普通父母。不过，在考虑究竟该不该管之前，父母首先需要了解自己的孩子处在什么样的沉迷看短视频的等级。一般可以分为 3 级。

第一级，休息时总想看，但不看也可以。

这是相对比较温和的一级，毕竟，孩子此时还知道轻重缓急，理解短视频只是自己生活的调剂，主要的精力还是放在学习上的。

既然如此，父母就不必过度苛刻，毕竟"一张一弛，文武之道也"。只要沉迷程度未加深，孩子可以通过看短视频拓展知识面；尤其当孩子通过看科技类或历史类短视频找到自己的兴趣所在，那就再好不过了。

比如我有一次就发现儿子看完了包括《三体》《流浪地球》在内的刘慈欣绝大多数小说的解说，甚至在周末自己跃跃欲试，开始制作类似的短视频了。

第二级，孩子的心态改变，开始有停不下来的趋势。

在第二级中，孩子的价值取向已经开始发生变化，这是父母需要特别注意的时段。因为处于这一等级的孩子已经把看短视频凌驾于学习之上，伴随而来的很可能是学习成绩的下滑。

我们说，观察任何事物都要观察它的发展趋势。如果已经有恶化趋势，虽然目前的情况还不算糟糕，但如果没有外力推动去改变原因，那么结果只会逐步走向我们不愿意看到的另一面。所以此时，父母的干预不仅是需要的，而且还是必要的。

第三级，孩子开始没日没夜地看短视频，完全停不下来。

第二级持续下去，往往就会发展成第三级。孩子很可能会半夜不睡觉，背着父母，躲在自己的房间里悄悄看短视频；如果被父母发现了，父母强行收走他的电子设备，他还很可能会表现出攻击性行为。此时，孩子对于看短视频的"瘾"已经形成，发展到该阶段，就不得不请求专业心理咨询师评估、干预和帮助了。

为了不让最坏的情况发生，我们可以针对不同的沉迷等级，分别使用不同的策略，用有效的方法加以应对。

ⓠ 父母如何进行有效引导？

普通父母无论看到自己的孩子处于何种等级，控制欲一上来，就容易发生应激反应，而聪明的父母则会根据不同的情况采取不同的策略。

在第一级，一个行之有效的策略是"提前约定"。该策略利用的是人类心理中的"承诺与一致效应"。

罗伯特·西奥迪尼的《影响力》一书中记载了美国心理学家在纽约市一片沙滩上做过的一个心理学实验。工作人员假扮成游客，在沙滩上靠近随机挑选的受试者并躺在他身边，听一会儿收音机，然后离开去散步。与此同时，另一位工作人员会假扮成小偷，当着该受试者的面偷收音机。结果在 20 次实验中，偷窃行为只有 4 次被受试者阻止。另一组实验中，工作人员则在离开去散步前增加了一个动作，请求受试者"帮忙看着东西"。结果在 20 次实验中，偷窃行为竟然被阻止了 19 次。可见，一旦人们达成了某项"约定"，人们大概率会遵守该约定。

那父母要怎样和孩子约定呢？比如你可以和孩子说："每个周末你都有 1 小时看短视频的时间，但平时学习忙，就别看了。"此时，孩子可能答应，也可能会觉得给的时间太短了，会和你讨价还价。不过没有关系，这也是策略的一部分。只要孩子的要求不太过分，比如他提出"周末每天可以看 2 小时"，那你也可以答应他，因为这是他与你的约定，孩子打破该约定的概率相对会比较低。

到第二级和第三级，显然孩子已经打破了你们之间的约定，这时要怎么办呢？ 别太紧张，毕竟孩子的自控能力和成年人的自控能力不能比。但此时，你有必要和孩子进行一场**关键对话**。

这里需要特别注意，关键对话并非在你抓孩子现行的时候进行，而应尽可能安排在彼此情绪都比较平静的情况下。因为当孩子打破了约定，他原本是自责的，可是如果你无法控制住自己的控制欲，对他劈头盖脸一顿吼叫唠叨，孩子的自责会消失，取而代之的则是反抗。所以，你只需要淡淡地说一句"你没有遵守约定的行为让我感到失望"就可以了。

接着,在孩子情绪相对稳定的时候,你要温柔而坚定地与孩子商讨他能接受的解决方案。比如你可以说:"如果我们再次约定,但你依旧违反了约定,你可以从'洗碗2周''倒一个月的垃圾'或者'强制没收电子设备2周'3个选项里选择1个作为惩罚。"

当然,孩子也可能不愿意做选择。此时,你可以抛出"温柔的威胁":"不做选择,也是一种选择。毕竟,把家里的Wi-Fi断电,所有人都无法上网,这不是我们任何一个人愿意看见的。"尽管孩子的确更容易情绪化,但只要完全冷静下来,孩子自己就会意识到:比起连1分钟网都不能上,还是从父母给出的3个选项里选择其一更优。

你看,父母的引导并非控制,更不是强制,而是一套"阳谋",想方设法让孩子回归理性,令他重新回到"谈判桌"前,继而达到一个双赢的局面。

最后的话

孩子沉迷看短视频,父母识别沉迷等级,采取对应的策略相当要紧。

第一级，休息时总想看，但不看也可以。对应的策略：提前约定。

第二级，孩子的心态改变，开始有停不下来的趋势。对应的策略：关键对话，约定违约惩罚。

第三级，孩子没日没夜地看短视频，完全停不下来。对应的策略：请求专业心理咨询师评估、干预和帮助。

孩子在学校被人欺负了，该不该管，怎么管？

如果你的孩子在学校被人欺负了，你的第一反应是什么？

有人说："让他打回去！"

可是，这真的是有效的解决方案吗？

曾经就有一个男孩和同学发生冲突被打，后来他的爸爸了解情况后恼羞成怒，立刻就让孩子打回去。结果，男孩不仅更伤心，而且在抹着眼泪走向对方后，还没出手，对方又把他一顿揍。爸爸恨铁不成钢，男孩则成了"三夹板"，两头都受气。

父母让孩子"打回去"的举措，表面上看起来似乎是希望培养孩子的"勇气"和"自己解决问题的能力"，可是本质上，这只是父母试图证明自己的孩子并非如此窝囊，满足的是父母自己的心理需求。

那么问题来了，如果孩子在学校真被人欺负了，父母到底该

ⓘ 孩子被打，教科书级的应对之道

复旦大学社会学系学者沈奕斐曾经分享过自己在儿子被同桌欺负后的做法。那天，当孩子把被打的事实告诉她后，她没有让孩子"打回去"，也没有立刻联系老师，而是践行了"刺激与回应之间存在一段距离，成长和幸福的关键就在那里"的原则。当沈奕斐冷静下来后，她一共采取了以下 4 个步骤。

第一步：了解事情经过，判断冲突性质。

她问了孩子两个问题。

问题一：同桌只打了你，还是也打过别人？之所以要这么问，她是想了解自己的孩子是否成了特定被欺凌对象。

问题二：他打你时，其他同学是在指责他，还是都不说话，或者跟着他欺负你？孩子说其他同学在帮自己，因为很多同学也被他欺负过。

好了，到这里，这件事情的性质就判断出来了，这次孩子被打并非被特定欺凌，而是同学之间的普通冲突。

第二步：了解伤害程度，判断是否介入。

接着，沈奕斐继续了解孩子被打了哪儿，对方是否用了打人工具，孩子的疼痛程度到底如何。了解下来，她发现孩子身上被打的地方有些小淤青，孩子觉得不算太疼，只是觉得很丢人，因为他当时在大庭广众之下还被对方按倒在地上。

但由于事态不算很严重，她认为处理权完全可以交给孩子自己。

第三步：了解孩子的诉求，了解孩子希望父母做什么。

沈奕斐问孩子希望她做什么，孩子立刻反馈，希望她能和老师沟通一下，请打人的孩子向他道歉。之后，沈奕斐根据孩子的诉求，立刻联系了老师，老师也积极处理，让对方道了歉。不过，让人意外的事情发生了，孩子接受道歉后，竟然也没那么生气，而是选择立刻原谅对方。

这一步十分关键，很多父母都有自己的一套思维逻辑，总以为自己的方案是最佳方案，却忽略了孩子心底的诉求。所以，"了解孩子的诉求，了解孩子希望父母做什么"，就比直接告诉孩子要如何做更好。与此同时，在孩子情绪稳定的时候，让孩子选择行动的路径，也是锻炼孩子解决问题能力的好机会。

第四步：了解后续情况，保持关注。

有时候，表面的问题虽然解决了，但后续是否还会发生同类事件，我们不得而知。所以，当一次校园欺凌事件发生后，父母对该事件持续关注，也是防患于未然的有效手段。

比如沈奕斐就发现，某段时间开始，孩子经常一回到家里就开始画画，而且画的都是"超人在打一个小孩"的画面；而隔了一段时间，该画面就不再出现了，原来孩子和那位同学最后"化敌为友"了。

如果孩子遭受语言暴力，怎么办？

沈奕斐对孩子被打事件的处理之道不可谓不高明，和普通父母比起来，她的"4步走"策略完全不以成年人居高临下的视角为起点，而是从孩子的角度出发，她成了孩子的支持者和包容者。

可是，如果孩子遇到的不是肢体冲突，而是语言上的侮辱呢？比如孩子一连好几天情绪低落，妈妈问了好久，孩子才终于说："妈妈，同学问我是不是有病，一辈子都长不高。"

肉体上不疼不痒，但孩子心里很委屈，怎么办？父母依旧不能被情绪左右，还是分4步走。

第一步：提前告知。孩子缺少社会经验，往往不知道语言暴力也是暴力。父母要提前对孩子说，遇到语言暴力，如果心里觉得难受，父母就是他的依靠，有事儿可以和父母说。

第二步：倾听诉说。当孩子遭受了语言暴力，父母同样要仔细了解事情经过，尽可能引导孩子表达他的内心想法和感受。由于语言暴力和肢体冲突不同，语言暴力的严重程度可轻可重，父母只有先让孩子把内心感受都说出来，成为孩子的心理容器，他内心的压力才能被逐渐释放。

第三步：**商量对策。**不到万不得已，依然不必将成年人自己的处理方式直接灌输给孩子，而是可以鼓励孩子自己想办法，甚至还可以引导他上网查找并选择适合他性格的解决方案。这样一来，不仅能解决眼下的问题，而且还能让孩子树立起面对挑战的信心，并养成通过网络寻找对策和解决难题的习惯。

第四步：**支持与跟进。**父母是孩子强大的后盾，因为有父母的存在，他感觉自己是安全的；在他需要父母帮助的时候，父母永远就在那里。同时，如果孩子的对策应用了，施加语言暴力的一方是否有所收敛？还是需要调整对策？这些也都是值得父母重点关注和跟进的问题。

最后的话

孩子被欺负，父母切不可恼羞成怒，以暴制暴，误入歧途。

如果孩子与他人发生了肢体冲突，父母可以实施"4步走"。

第一步：了解事情经过，判断冲突性质。

第二步：了解伤害程度，判断是否介入。

第三步：了解孩子的诉求，了解孩子希望父母做什么。

第四步：了解后续情况，保持关注。

如果孩子遭受语言暴力，父母依然可以实施"4步走"策略。

第一步：提前告知。

第二步：倾听诉说。

第三步：商量对策。

第四步：支持与跟进。

在父母的支持和包容下，孩子必然可以远离校园暴力，茁壮成长。

孩子爱顶嘴，该不该管，怎么管？

你的孩子喜欢顶嘴吗？

你说"你怎么还不去睡觉？"，他立刻就回你"明天是周六，睡那么早干吗？"；你说"别看电视了"，他立刻说"那你怎么就捧着手机不放下呢？"；你说"都休息10分钟了，快去做作业！"，他说"为什么要听你的？"。唉，家里有个小"杠精"，这日子实在是没法过了。

你可能会想，孩子这么小就这么能顶嘴，将来还不把屋顶给掀了？事实上，不是只有你有这种想法，根据"搜狐母婴"的调查，超过75%的家长都讨厌孩子顶嘴的行为。

是的，孩子爱顶嘴，让家长好不容易收敛的控制欲，又快控制不住了。

但顶嘴这件事情，究竟该不该管，要怎么管呢？在解决这个问题之前，我们还是需要先搞清楚孩子为什么会顶嘴。

ⓘ 孩子顶嘴的三大原因

孩子之所以会顶嘴，主要有以下三大原因。

原因一：家长的沟通方式不当。

很多家长在孩子一路长大的过程中，习惯用吼叫打骂、反复唠叨、反问质疑等方式和孩子交流。

吼叫甚至打骂，虽然能在短时间内看到效果，但这种方式也存在很大的弊端。一方面，它会提升孩子的阈值，即家长需要一次比一次吼叫得更响、打骂得更狠，孩子才会听话照做；另一方面，长期积累的负面情绪也会积聚在孩子幼小的身躯里，当他感觉自己有力量与你对抗的时候，这些积聚的负面情绪就会以顶嘴的方式表达出来。

反复唠叨，虽然出发点是好的，是一次次地提醒孩子改善不良行为，但它也容易让孩子产生超限效应，即过多、过强的刺激会引发孩子不耐烦或逆反的心理。

还有**反问质疑**，比如"你怎么还不去睡觉？"这类反问句尽管能加强语气，却也容易对孩子的情绪产生冲击，激发你们彼此的对抗情绪。

原因二：家长自己都没有以身作则。

有个词是上行下效。在家里，家长的千言万语都抵不过自己的实际行为。如果家长自己都无法以身作则，而仅仅是把要养成良好的行为习惯挂在嘴边，孩子的模仿能力可是极强的，耳濡目染之下，孩子也会逐渐习得家长的实际行为。

比如孩子做作业时，爸爸在一旁打游戏，妈妈坐在孩子后方看电视剧，不时还会由于剧中的搞笑情节发出"咯咯咯"的笑声。孩子也会感觉不公平啊：凭什么我在辛辛苦苦做作业，你们却一人一个手机在娱乐？

原因三：你们陷入了权力的争夺。

如果你不了解少年儿童的心理，你可能未必知道：无论是家长的无奈还是愤怒，都能激起孩子的成就感，所以在一次次相似的场景中，"顶嘴"就会不断重演。

没错，这就是权力的争夺，孩子非常希望家里是自己说了算。尤其当双方越来越愤怒的时候，孩子顶嘴会使你们陷入拉锯战，两方"火力"持续升级，愈演愈烈。**权力的争夺之下，没有赢家。**

3 个策略，应对孩子顶嘴的问题

策略一：通过"咒语"，改善沟通方式。

既然我们理解"吼叫打骂"会导致边际效益递减（即相同

的刺激会导致效果越来越弱)，"反复唠叨"会产生超限效应，"反问质疑"会激起你们之间的对抗情绪，那么在又一次习惯性地想要"吼叫打骂、反复唠叨和反问质疑"时，不妨设法使用"咒语"让自己慢下来。

还记得吗？**刺激与回应之间存在一段距离，成长和幸福的关键就在那里**。熟读这句"咒语"，让它变得如手机信息弹窗一般，这样在面对类似场景时，你的大脑里会自动跳出这句"咒语"，令你当知当觉。那么你就能有效地改善沟通方式，用更平和淡定的语气，向孩子进行更有效的表达。

策略二：通过"以身作则"，产生良好的"上行下效"。

你可以和爱人约定，在孩子面前，尽可能地互相提醒。在陪伴孩子学习的时候，选择不玩手机，可以看一本有趣的纸质书，或者用笔记本电脑做更多和学习相关的事情。比如我自己就经常一边陪伴孩子学习，一边坐在旁边写作。

当孩子看到家长都在努力学习、努力工作的时候，这个房间里就能形成一种良好的"场"，孩子的不公平感也会消失。他做他的作业，你做你的工作，这个场景，不"香"吗？太"香"了！

策略三：通过"提供选择权"，给孩子掌控感。

我们说：父母应如灯盏，而非拐杖。灯盏，意味着我们是孩子的引领者，而非控制者。引领者，意味着我们不应安排孩子的人生，而应陪伴孩子更好地长大成人。

所以，与其把我们认为"唯一好"的建议硬塞给孩子，还不如给孩子提供选项，通过"提供选择权"，让孩子拥有掌控感。

比如，你可以把"都休息10分钟了，快去做作业！"这个命令式的句子变成3个选项。

选项一：要么你现在去做作业，晚饭后可以再休息15分钟。

选项二：要么你可以再休息5分钟，晚饭后休息10分钟就去做作业。

选项三：你也可以现在再休息15分钟，不过晚饭后就不休息了，直接去做作业。

尽管总的休息时间不变，但当一个决定是孩子自己做出来的时，孩子就会有一种掌控感，有了这种掌控感，他就不容易再和你进行权力的争夺了。

最后的话

孩子爱顶嘴，家长要全面地理解顶嘴背后的原因。

原因一：家长的沟通方式不当。

原因二：家长自己都没有以身作则。

原因三：你们陷入了权力的争夺。

为了应对孩子顶嘴的问题，家长可以践行以下 3 个策略。

策略一：通过"咒语"，改善沟通方式。

策略二：通过"以身作则"，产生良好的"上行下效"。

策略三：通过"提供选择权"，给孩子掌控感。

在你的引导下，孩子一定可以消除情绪化、不公平感，拥有掌控感，健康成长。

孩子不肯运动，该不该管，怎么管？

你的孩子爱运动吗？如果孩子不肯运动，到底该不该管呢？要想弄明白这个问题，我们先来看看 3 个事实。

ⓟ 为什么要鼓励孩子运动？

事实一：运动能增强记忆力，提升学习效果。

《运动改造大脑》的作者之一，哈佛大学医学院教授约翰·瑞迪曾经分享过一个实验。实验人员用小白鼠进行实验，这些小白鼠被分为两组，一组是运动组，另一组则是对照组。一段时间后，实验人员解剖小白鼠后发现：运动组小白鼠海马体（负责记忆功能）中新干细胞的数量是对照组小白鼠的两倍。可见，运动相当于给计算机增加了内存，能强化孩子的大脑功能，继而帮助孩子在文言文背诵、英语单词记忆等场景中提升学习效果。

事实二：运动能让孩子感到快乐，减轻压力。

研究发现，人体的 4 种"快乐"激素——血清素、多巴胺、内啡肽、催产素中，除了催产素外，其他 3 种都可以被中等强度的运动激活。其中血清素能帮助孩子释放压力，多巴胺则是快乐因子，内啡肽这种补偿机制更是能使孩子产生满足感与愉悦感。孩子的内心会随着内啡肽的分泌充满平和与喜悦。难怪南京理工大学的一项研究显示：爱运动的孩子更少出现郁郁寡欢的情况。

事实三：运动能帮助孩子长高。

有研究表明，除了提升学习效果和减轻压力，运动还能有效帮助孩子长高。比如跳绳可以刺激全身各关节的活动，促进骨骼生长；球类运动如篮球、排球、羽毛球，也都能让孩子的韧带获得拉伸，促进生长激素的分泌；做引体向上时，身体会自然下垂，这样能很好地拉伸脊柱，促进脊柱骨增生，激活关节，从而帮助孩子长高。哪个家长不希望自己的儿子挺拔高大？哪个家长不希望自己的女儿亭亭玉立？运动，真能帮助孩子长高。

孩子不肯运动，怎么办？

看到这里，你可能会说："不用你说，我都知道运动对孩子好。可我家孩子就是懒，不愿意运动，拉都拉不动，难道我又要走'控制型家长'的老路吗？"

我想说：很遗憾，控制型家长也做不到让孩子运动起来，而且家长越强迫孩子运动，孩子越反感，反而更不愿意动了。那怎么办？可以尝试以下4个策略。

策略一：通过动画片，激发兴趣。

《小王子》的作者安托万·德·圣埃克苏佩里曾说："**如果你想造一艘船，先不要雇人去收集木头，也不要给他们分配任何任务，而是去激发他们对海洋的渴望。**"同样，要让孩子真正运动起来，也不要先去买运动装备，更不要强制安排运动任务，而是去激发他对某项运动的渴望。

具体要怎么做呢？你还记得我们小时候，为什么突然有很多同学喜欢踢球，突然有大量同学爱上打篮球，突然有人开始打起了网球吗？是的，因为当时《足球小将》《灌篮高手》《网球王子》热播，看了这些动画片，少年时的我们燃起了对这些运动的渴望。

所以今天，已经成为家长的我们，完全可以带孩子一起看这些运动题材的动画片，从而激发孩子的兴趣，让他们和当时的我们一样，对某项运动产生兴趣。

策略二：通过微目标，让孩子逐渐养成运动习惯。

所谓微目标，就是一个小到不可思议的目标。比如你可以要求孩子每天只跳 2 下绳，摸 2 次高，跑 30 秒步。为什么要求那么低呢？因为哪怕是成年人，尽管都知道运动对身体有好处，还是有很多人动不起来。因为大脑会畏难，面对一个每天跑 5 公里的任务，想想都觉得累。所以与其一上来就提出很高的目标，最后不了了之；还不如先提出一个微目标，动起来再说。

你别看只要求跳 2 下绳，只要运动鞋穿好了，跳绳拿在手里了，人也跳起来了，惯性的作用就会帮助孩子从跳 2 下到跳十几二十下，甚至更多。而且哪怕某一天他真的很累，只跳了 2 下绳，没有关系，他当天的任务也圆满完成了。这种完成任务的感觉会在大脑中形成一种正反馈，会激励孩子明天继续跳绳。

策略三：通过让孩子做选择题，让他拥有运动的掌控感。

让孩子做选择题的策略我们已经多次使用过，相信你已经很熟练了。在邀请孩子运动的场景中，我们依旧可以使用这种策略。比如社区里没有篮球场，但有一个小广场可以用来扔飞盘或者打羽毛球。

此时，你就可以把选择权交给孩子。比如周日的早晨，你可以问他："你要在家里跳绳，还是去社区小广场扔飞盘或者打羽毛球呢？"当孩子拥有了对运动项目的选择权，他就有了掌控感，不会觉得这又是你逼他去完成的任务，他答应去运动的概率就会大大增加。

策略四：通过抢占式运动，把某项运动固化为特定时间的必做项目。

什么是抢占式运动？就是安排固定的时间进行固定项目的运动。当践行了以上策略后，你大概率已经让孩子运动了起来。接下来，就可以把孩子特别喜爱的某项运动固化为特定时间的必做项目。

比如，每周六下午 2 点去打篮球，又或者每天晚上 9 点做 10 次摸高跳跃。一旦你和孩子商量着实行抢占式运动，这项运动就如同每天都要洗脸刷牙一般，变得特别容易坚持。而从这一天开始，你的孩子也将享受到运动带给他的多重好处。

最后的话

如果孩子不肯运动，家长对于运动的 3 个事实要懂、4 个策略要用。

3 个事实。

事实一：运动能增强记忆力，提升学习效果。

事实二：运动能让孩子感到快乐，减轻压力。

事实三：运动能帮助孩子长高。

4 个策略。

策略一：通过动画片，激发兴趣。

策略二：通过微目标，让孩子逐渐养成运动习惯。

策略三：通过让孩子做选择题，让他拥有运动的掌控感。

策略四：通过抢占式运动，把某项运动固化为特定时间的必做项目。

孩子竞选班干部，该不该管，怎么管？

你希望自己的孩子竞选班干部吗？有些家长认为，应当顺其自然；有些家长则持相反的态度。我的观点是，**做任何事情都要厘清这件事情的必要性。**

不要在不需要管孩子的时候选择拼命管，也不要在需要管孩子的时候选择不管。

曾有一位前辈向我分享过这么一段话，让我深刻地理解了孩子成为班干部的必要性。

如果一个人在中小学被选为班干部，老师有什么事情往往都会找他去做。尽管他不知道做这些事情有什么好处，更不知道这样做是否可能会在中、高考时给他加分，但他就是去做了，任何脏活、累活都做。同学之间发生矛盾，他也会去调节。之后上高中、大学，他可能一路都被任命为班干部。此时，他与老师、同学沟通的能力会由于长期的锻炼，比普通同学强一大截。

　　于是，当这位班干部踏入职场后，他的向上管理能力和平行沟通能力都比普通员工强。

看完这段话，我相信你的心里已经有了答案。理解了"必要性"，下一个问题是"怎么做"。

◉ 心理篇：有胜任感的孩子，更容易成为班干部

如果回忆自己的学生时代，我们通常会觉得那些当班干部的同学似乎本就该当班干部。为什么我们会产生这种感觉呢？因为在这些班干部的身上，我们能感受到"胜任感"。

什么是胜任感？它是指个体在各种活动中，通过表现出成功的行为和较强的能力所获得的一种积极的自我价值感。通俗地说，它既包含"我相信我自己"，也有"我相信我能完成某件事情"的意思。

要帮助孩子建立胜任感，可以从下面3个步骤着手。

第一步：达成任务目标。

如果一个班级会有1个大队长、1个班长、5个中队委员和

7 个小队长，班干部总共 14 人。所以，如果要给孩子设定一个目标，那就可以设定为如何考入班级前 14 名。尽管考入前 14 名未必一定能成为班干部，但至少可以让孩子打心底里认为自己具备成为班干部的资格。此时，就完成了建立胜任感的初级阶段。

关于如何提升学习成绩，你可以阅读我的另一本书《抢分》，将有效的学习策略分享给你的孩子；如果他已经上中学了，让他自学都可以。

第二步：让孩子不断超越过去的自己。

不断超越过去的自己是为了将这种胜任感稳定下来。我们依旧以提高学习成绩为例，如果孩子能稳中有升，甚至比之前进步很多，那么孩子就不会有侥幸感，胜任感就会更稳定。

而且这种稳定的胜任感还是双向的，即稳定的成绩还能将自己在不断进步的信息传达给老师。根据心理学中的罗森塔尔效应，老师对学生的殷切希望能戏剧性地收到预期效果。如此一来，就形成了"孩子传达出自己的进步信息；老师觉得孩子进步了；孩子果真进步了，传达出更多进步信息"的良性循环。

第三步：让孩子感觉到自己在群体中很优秀。

如果多次期中、期末考试的成绩良好，孩子就会打心底里感到自豪，他会觉得自己"很厉害"。有了这样的"获胜"体验，在学习中遇到困难时，他就能自发地去设法克服，从而获得程度更深和更稳定的胜任感。于是，在班干部竞选的时候，孩子就更可能脱颖而出。

ⓟ 技巧篇：3 种策略，走在成为班干部的路上

你可能会说："我当然也希望孩子的学习成绩能不断提升，通过成绩排名靠前，自然而然地成为班干部。但目前我家孩子的成绩还未见起色，除了提升学习成绩来获得胜任感，继而成为班干部之外，还有什么其他的策略吗？"

策略一：先成为课代表。

如果你仔细观察，会发现课代表往往是班干部的预备人选。如果孩子能成为某一科目的课代表，那么他未来成为班干部的概率也会大大增加。可是孩子可能会说："目前课代表的位置都已经被占了呀！"没关系，上初中后，诸如地理、生物、历史、物理、化学这些科目会逐步映入孩子的眼帘，家长可引导孩子在某门科目刚开课的时候积极主动地毛遂自荐，争取成为课代表，这样他就踏出了成为班干部的第一步。

策略二：主动提问，多帮老师做事。

和老师走得近的孩子更容易被关注（没办法，人性就是如此）。无论是向老师多提问，还是在老师需要的时候主动提供帮

助，都能让老师更关注孩子。这样，当机会来临的时候，老师就有一定的概率主动推选你的孩子成为班干部。

策略三：拿到高分时勤感谢。

孩子的成绩始终名列前茅是我们最希望看到的，但哪怕孩子的成绩不稳定，家长也能找到时机帮助孩子。比如当孩子在某个科目上偶尔拿到高分时，家长通过微信私信发送试卷照片，并附上一些简短的感激之辞，也能加深孩子给该科老师留下的印象。

这些策略看似"功利"，却十分有效。需要注意的是，它们都有一个非常重要的前提：那就是务必先和孩子达成一致，让他也认识到成为班干部的必要性。否则你的干预和助攻又会变成另一种形式的控制。当孩子认同该目标，同时也认同走向该目标的路径时，你们必然可以实现目标。

最后的话

孩子竞选班干部时，厘清目标的必要性是第一要务。

在心理上，帮助孩子培养胜任感。

第一步：达成任务目标。

第二步：让孩子不断超越过去的自己。

第三步：让孩子感觉到自己在群体中很优秀。

在技巧上，用3种策略，帮助孩子成为班干部。

策略一：先成为课代表。

策略二：主动提问，多帮老师做事。

策略三：拿到高分时勤感谢。

当然，这一切的前提是孩子能和你就目标达成一致。

最后，祝福你的孩子，祝他早日成为班干部，将来拥有更强的向上沟通和平行沟通的能力。

04

降低控制欲
你需要的 3 种工具

锻炼情绪肌肉，夺回大脑主动权

之前的内容讲的都是策略；在这一部分，我会分享 3 种有效的工具，帮助你提升控制控制欲以及管理自身情绪的能力。

为什么正念冥想能锻炼情绪肌肉？

情绪肌肉是一种比喻。当我们面对现实世界中的重物时，要将其"拿得起，放得下"，我们依靠的是手臂、腰部和腿部等部位的肌肉。同样，在精神世界中，面对一个刺激性事件，我们要做到"拿得起，放得下"，依靠的则是我们的情绪肌肉。

当你拥有强大的情绪肌肉后，你不仅可以拥有更稳定的情绪，而且对于来自孩子的一些刺激，你也更容易做到举重若轻，它能帮助你不再轻易陷入情绪化，而是可以心平气和地使用我们介绍过的一系列策略。而锻炼情绪肌肉的有效途径正是正念冥想。

你可能会很好奇，为什么正念冥想能锻炼情绪肌肉呢？我们来看下面这 3 个事实。

第一，正念冥想能有效降低压力水平。我们都知道，当压力水平高的时候，我们的情绪更容易崩溃。而《十分钟冥想》的作者，正念冥想专家安迪·普迪科姆则分享过一个降低抑郁症患者症状复发率的随机对照实验。实验人员通过半年的时间，分别对之后进行了正念冥想练习的患者群体和仅接受药物治疗的患者群体进行追踪。追踪结果显示，有 75% 的正念冥想练习患者在只有半年的时间里已经可以停止药物治疗了，而且他们还纷纷表示生活质量提升了许多。

第二，正念冥想能有效改善睡眠，治疗失眠。有过失眠经历的人都知道，经常失眠会导致神经衰弱、易怒、情绪不稳定。而根据 2009 年斯坦福大学的研究结果，6 周的正念冥想课程就可以有效地帮助失眠的人加速入眠：从原本平均需要 30 分钟才能入眠，缩短到平均 15 分钟就可以入眠。

第三，正念冥想还能增加大脑灰质，避免情绪控制力降低。我们都知道，大脑前边缘系统区域负责控制人的情绪。而情绪控制区的灰质过少则会引发情绪控制力显著降低的间歇性爆发障碍，它是一种间歇性、易复发、易冲动的攻击性行为，比躁郁症和精神分裂症更为常见。而健康心理学家凯利·麦格尼格尔在《自控力：斯坦福大学广受欢迎的心理学课程》一书中指出：根据神经学家的研究，如果一个人经常冥想，他的大脑灰质就会增多，因此，其大脑前边缘系统区域控制情绪的能力就会随之增强，从而能有效地规避情绪控制力降低的问题。

⚲3 种正念冥想方式，总有一种适合你

现在，你已经知道了冥想对于锻炼情绪肌肉的益处，那么，具体该如何练习正念冥想呢？总共有 3 种方式。

第一种，专注呼吸的正念冥想。专注呼吸的正念冥想是最容易上手的冥想方式之一，你只需要一把椅子就能随时随地开始练习。闭上眼睛，轻轻地把双手放在自己的大腿上，然后把注意力集中在自己的呼吸上。在此过程中，一定有无数的念头会从你的脑海里冒出来，比如孩子这次又没考好，老公最近回家比较晚，等等。这是十分正常的情况，当你发现自己的注意力被这些念头转移之后，重新把注意力集中在自己的呼吸上就可以了。

是的，"正念"这个词不仅可作为名词使用，而且可作为动词使用，它是你把游移的心智重新拉回来的一个过程，你每拉一次，就相当于用情绪肌肉举了一次哑铃，让情绪肌肉得到了一次

锻炼。

第二种，聆听声音的正念冥想。当你没有条件坐在椅子上时，练习聆听声音的正念冥想更不易受客观条件的约束。比如你可以现在就闭上眼睛，认真去聆听一些声音，如窗外的鸟叫声、马路上汽车行驶的声音、周围人的窃窃私语。如果什么声音都没有，寂静也是一种"声音"。

同样，在你聆听声音的时候，心智也必定会发生游移。每发生一次游移，每出现一个新的念头，重新把注意力拉回到你聆听的声音上，这样你不仅可以锻炼情绪肌肉，随着练习次数增加，你的听力也会变得更敏锐，那些被普通人忽略的声音你都可能捕捉到。

第三种，仔细感受的正念冥想。聆听声音时，你调动的是听觉；仔细感受时，你调动的则是触觉。怎么做呢？比如你可以现在就体会一下你的脚底与鞋子接触的感觉；如果你拿着手机，你也可以仔细体会一下手掌托着手机的重量感。当心智游移发生时，把注意力再拉回来就可以了。是不是很简单？

事实上，我们之所以把上面这3种正念冥想方式称为练习，是因为它不是你知道是怎么回事就有效果。它和练习举哑铃、跳绳一样，是需要我们不断去践行的。

因此，在最开始的时候，你可以用手机定一个闹钟，提醒自己每天练习 1 分钟即可；在练习了 15 天或 1 个月后，把练习的时间逐渐延长，调整到每天练习 20 分钟左右。当你能像每天起床后就刷牙一样，把练习正念冥想固化成你的习惯后，你的压力水平会不断降低，你的睡眠质量会变得越来越好，你大脑的灰质也会逐渐增多。届时，你就有更强的力量夺回大脑的主动权，拥有强大的情绪管理能力了。

最后的话

提升自身情绪管理能力的第一种工具是正念冥想。

正念冥想之所以有效，在于它能：有效降低压力水平；有效改善睡眠，治疗失眠；增加大脑灰质，避免情绪控制力降低。

为了养成正念冥想这种习惯，你可以从专注呼吸的正念冥想、聆听声音的正念冥想或者仔细感受的正念冥想 3 种方式中挑选一种适合自己的来练习。

当你能从每天练习 1 分钟坚持到每天练习 20 分钟左右后，你的情绪管理能力大概率会获得显著提升。

学会情绪 ABCDE 理论，换种视角看问题

周六，你的孩子刚吃完早饭就准备出去和同学玩。可是，在孩子出门前，你发现他的作业还没写完。你告诉他希望他把作业全部完成后再出去。结果孩子不愿意，你们两个人陷入冲突，大吵一架后，他把自己锁在屋子里，人虽然没出去，但装着作业的书包却也搁在客厅沙发上。你和孩子各自期待达成的目标，都没有达成。

显然，这是一个双输的局面，这是任何一个家长都不想看到的。可是，我们究竟应该如何避免这种局面再次出现呢？我的答案是：你需要掌握情绪 ABCDE 理论这种工具。

情绪 ABCDE 理论

什么是情绪 ABCDE 理论？情绪 ABCDE 理论是由美国心理学家艾

贝特·埃利斯在 20 世纪 50 年代提出的一种心理工具，它能帮助人们通过一定的策略来解决由于原有信念而产生的情绪困扰问题。

在该理论中，ABCDE 这 5 个字母分别是不同英语单词的首字母。

A 是 Antecedent，是指一个事件发生了。该事件通常是一个能让你产生负面情绪的事件。

B 是 Belief，即你的信念，是你最初涌现出的本能想法。

C 是 Consequence，是该事件在你的信念加工下让你产生的情绪反应。

D 是 Disputation，是你对先前信念的反驳。

E 是 Exchange，则是通过反驳先前信念，交换得出新的情绪反应。

这么说有些抽象，下面我将用一个思想实验来带你直观地感受一下这一过程。

假设你现在正坐在公园的一张长椅上，你一边喝着咖啡，一边看着书，你很喜欢这本家庭育儿类的书。当你看得有些累了的时候，你把书和咖啡放在一旁，伸了一个懒腰，然后闭上眼睛想休息一会儿。

正当你感受着春天的微风在面颊边拂过时，你忽然听到旁边有水洒了的声音，你睁开眼睛一看，哎呀，这下糟了，一个"冒失鬼"坐了下来，把你的咖啡碰倒了，你的书也被咖啡弄湿了！

此时，请感受一下自己的情绪，你是不是有点惋惜，甚至有点气愤？这人怎么随便就把别人的东西给碰倒了呢？

可是还没等你开口，你再仔细一看，原来这是个盲人。再感受一下自己的情绪，此时此刻，你又可能怎么想？

你是不是会庆幸，还好没有把什么尖锐的东西放在旁边，否则可就危险了？

好了，让我们结束这个思想实验。

在整个过程中，我带你经历了一遍完整的"ABCDE"过程。

  A（事件）：有人碰倒了你的咖啡。

  B（信念）：在公共场所，这人怎么就那么冒失呢？！

  C（情绪）：心疼咖啡和书，感到气愤。

  D（反驳）：原来这是个盲人。

  E（交换）：开始庆幸，还好放的不是尖锐物品。

你看，真正影响我们情绪的并不是事件本身，而是我们对于事件的信念。

在现实生活中，如果不了解情绪 ABCDE 理论这种工具，我们在遇到压力事件或冲突事件时，情绪管理流程走到 C 就结束了。只有掌握了这种工具，刻意地反驳自己未必有效的本能信念，我们才能真正换个角度看问题，才能冷静地解决问题。

◯ 情绪 ABCDE 理论在家庭育儿场景中的应用

现在，让我们一起回到最开始的案例，孩子吃完早饭，在作业还没写完的情况下就想出去和同学玩，这是事件（A）。很多家长在遇到这类事件时，会本能地产生控制欲，如果孩子不愿意顺从，**家长的无名火就会冒出来，这是情绪反应（C）。**

但实际上，情绪反应（C）并不是自动冒出来的，而是在家长的信念（B）的加工下产生的。该信念很可能是：孩子应当在作业全部做完的情况下再出去玩。

我们在之前的内容中反复强调过：刺激（A）与回应（C）之间存在一段距离，成长和幸福的秘密就在那里。这里所说的"距离"其实就是要改变信念（B）。对"孩子应当在作业全部做完的情况下再出去玩"的信念（B）进行反驳（D）：孩子平时社交活动就少，偶尔出去玩一次，不是正好可以提升孩子的社交能力吗？社交能力不比学校里的作业重要吗？这不，明天还是周日，周日再完成作业不也来得及吗？

当你的反驳（D）成功地改变了原有的信念（B）时，交换

（E）就产生了，全新而良好的情绪反应就可以有效地助推你采取对彼此都友善的行动。

在家庭育儿场景中，当你再次遇到类似的事件时，你还可以践行 PEADS 法则。

P：Perceive，**觉察**。控制欲再次出现时，你可以选择先觉察：哦，我现在有负面情绪了。

E：Endure，**忍耐**。先忍一忍，比如默数 5 秒，深呼吸，待会儿再把想说的话说出口。

A：Awareness，**意识**。你可以问自己：我现在之所以会有这种负面情绪，背后的信念是什么？

D：Disputation，**反驳**。你可以问自己：我的信念真的正确吗？有没有既支持孩子行为，又能看到事件积极面的全新信念？

S：Seek common ground，**求同**。使用全新的信念与孩子聊一聊，求同存异，尽可能达成共识，设法双赢。

你看，当你熟练地掌握了情绪 ABCDE 理论这种工具，并且使用 PEADS 法则去践行，你就相当于戴上了一副全新的眼镜，可以用一种与以前全然不同的眼光来看待自己在家庭育儿场景中遇到的各类事件。这种工具是不是就能保护你的注意力于无形，将你和孩子的时间、精力、心理能量都保存下来，然后把这些稀缺资源投入对你们更有意义的共识、计划和行动中去呢？

最后的话

提升自身情绪管理能力，为彼此找到有效解决方案的第二种工具是情绪 ABCDE 理论。

A：Antecedent，事件。

B：Belief，信念。

C：Consequence，情绪。

D：Disputation，反驳。

E：Exchange，交换得出新的情绪反应。

其中，真正影响我们情绪的并不是事件本身，而是我们对于事件的信念。

在家庭育儿场景中，你可以通过践行 PEADS 法则来摆脱控制欲，与孩子达成共赢。

P：Perceive，觉察。

E：Endure，忍耐。

A：Awareness，意识。

D：Disputation，反驳。

S：Seek common ground，求同。

无法处理情绪，具身认知帮你忙

"你给我出去！""闭嘴！"此时，父母想掌控一场对话的控制权的欲望已经控制不住了。可是，这个瞬间，又是让很多父母事后十分后悔，却又不好意思承认的瞬间。

是什么让你在这些瞬间好像已经不再是自己身体的主人？是什么让你说出这些伤害孩子的话？又是什么驱使你做出那些急剧拉开与孩子的心理距离，甚至让孩子由于恐惧，从此变得敏感，不敢再靠近你，处处小心的行为呢？

答案是瞬时情绪。

⚲ 人的瞬时负面情绪有多可怕？

有一句话你可能经常听到："成年人的崩溃往往就在一瞬间。"这个崩溃的瞬间，就是所谓的瞬时情绪引发的。

一个人的瞬时情绪到底有多可怕？2019年1月3日晚，陕西省咸阳市武功县曾经发生过一场家庭悲剧。一位妈妈在家辅导儿子写作业时，因儿子写作业不用心而崩溃，被怒气攻心的她打了儿子。次日凌晨4点，妈妈发现孩子呕吐不止，孩子经医院抢救无效死亡。后经法医鉴定，孩子生前曾被多次殴打头部，造成蛛网膜下腔出血，呕吐误吸而引起呼吸道阻塞，窒息死亡。最后妈妈被判了刑，孩子也永远无法回到家人的身边。

如果你无法处理好自己的瞬时负面情绪，就有可能造成类似的悲剧。那么问题就来了，有什么工具可以帮助你在情绪崩溃的边缘"悬崖勒马"，控制住"撒野"的瞬时情绪吗？

下面我会将提升情绪管理能力的第三种工具推荐给你：具身认知。

♀ 具身认知

什么是具身认知？它是指生理体验与心理状态之间有着强烈的联系，比如人在开心时会笑，而如果微笑，人也会变得更开心。

美国心理学家曾经做过一个实验，实验人员将大学生随机分成若干个小组，每组有6个受试者，实验共有3个部分。

第一部分：受试者会被分成两个小组。第一组的受试者被要求低头、耸肩、弯腰，呈现出一种垂头丧气的模样；第二组的受试者则被要求挺直腰背，给人一种趾高气扬的感觉。

第二部分：受试者会被要求去完成一项复杂任务，并且在该任务结束后，实验人员告诉他们任务完成得很出色，会给予他们酬劳。

第三部分：受试者被要求完成一份调查问卷，内容为询问他们此刻的心情，以及他们是否为自己取得的成绩感到满意。

结果显示，第一组的自我满意平均分为 3.25 分，第二组的自我满意平均分则为 5.58 分。

该实验结果显示，情绪是具身的，也就是说，认知并非情绪形成的唯一影响因素，身体以及身体的活动方式都会对情绪形成起到非常显著的作用。

⊕ 具身认知的两种典型用法

理解了生理体验与心理状态之间存在相互影响的关系，你就可以通过以下两种用法，使用具身认知这种工具来调节自己的情绪。

第一种用法：放低自己的重心。

你有没有听过一个成语，叫作"拍案而起"？拍案，就是拍桌子；拍完桌子后人们往往会站起来，站起来后人们通常会表达愤怒。这是一个非常连贯的动作，也十分符合具身认知的原则，即随着一个人的重心升高，一个人的愤怒就会愈演愈烈；同样，当一个人的重心降低，那么他的愤怒值也会由于具身认知的作用变得更低。

因此，如果你去观察一些企业处理投诉的部门，他们的访客接待室都会摆放一些让人一坐下就陷进去的沙发。这类沙发的设计充分利用了具身认知的原则，试图让原本怒气冲冲来投诉的客户通过客观上降低自己的重心，变得更理性，其瞬时的愤怒值也会因此变得更低。

所以，当下次你发现快要控制不住自己的脾气时，你不如坐下来，最好席地而坐，充分地放低自己的重心，让自己重新回到理性的状态。

第二种用法：皮肤接触法。

另一种用法叫作皮肤接触法，下面我用自己的亲身经历来为你举例。

有一次，我在书房里写作，忽然听到儿子的房间里传来大哭声。我走到他的房门口，看到爱人抓起拖鞋"啪啪啪"地往儿子的手臂上打，一边打，嘴里一边还喊："你到底在学些什么？这么简单的乘法拆分技巧，你为什么就不会用？！"

儿子被打后，大哭升级成了尖叫，我慢慢走到他们两个人中间，张开双手分别在爱人和儿子的手臂部位摩挲了几下，也不说话，然后看他们到底在讨论哪道题。

我问儿子："这道题目不会，你自己也很着急，对吗？"

"呜呜……嗯。"儿子的哭声小了，但他还是忍不住抽泣。

"你看，"我用手指指着他写的答案，"这道题之所以会错，是因为你跳了一步，你没有把 88×5 拆解成 $11 \times 8 \times 5$，所以就不容易理解，对不对？"

"我好像会了。"儿子抹了一把眼泪，拿起橡皮把错误的过程和答案擦掉，写上了对的过程和答案。

为什么我不是一上来就阻止爱人打小孩呢？答案是，在爱人情绪激动的情况下与之直接发生冲突，只会火上浇油，让情况变得更糟糕。

所以，我直接先以具身认知中的皮肤接触法安抚双方情绪，摩挲两个人的手臂部位，让他们都能冷静下来；然后通过语言上的共情和沟通，让双方稳住情绪，再解决具体的问题。

最后的话

不注意控制瞬时情绪，往往容易做出让自己事后后悔的行为。我们可以通过引入具身认知这种工具来有效地控制瞬时情绪。

具身认知有两种典型用法。

第一，放低自己的重心。

第二，皮肤接触法。

最后，让我们再回顾一下在本部分 3 个小节中我向你介绍的 3 种工具。

第一种工具，正念冥想。它解决的是长期"修炼"的问题，它好比锻炼，会让你的情绪肌肉越来越强大。

第二种工具，情绪 ABCDE 理论。它解决的是情绪反应过程中的问题，它类似"修行"，能让你在刺激与回应之间，逐渐获得成长和幸福。

第三种工具，具身认知。它解决的是瞬时情绪的问题，它类似"急救"，让你在理智尚存的时刻通过一些马上就能做出的简单行动改善自己的情绪状态。

05

高情商策略
如果你也在忍受他人的控制欲

如何巧妙地和"控制狂"相处？

有个很残酷的事实：很多受到原生家庭伤害的人，长大后会慢慢变成父母的样子。这仿佛是一个循环。如果你是一个控制欲很强的人，大概率你也正（曾）忍受别人对你施加的控制欲。该如何打破这个循环呢？

有一句话很俏皮，但说出了真相：**能改变自己的人是神，想改变别人的人是神经病。**

本书前面的内容都是帮助你改变自己，但如果你遇到想要设法改变你、牢牢控制你的"控制狂"，学会巧妙地和他们相处是你幸福生活的必修课。

下面我就来与你分享如何巧妙地和"控制狂"相处。有3个步骤，缺一不可。

ⓟ 步骤一：做好心理建设

《孙子兵法·势篇》中说："故善战者，求之于势，不责于人。"意思是：善于作战的人，追求的是如何形成对自己有利的作战态势，而不是苛责真实战斗发生时人的具体表现。因此，形成有利的态势，是巧妙应对"控制狂"的关键。

尽管和"控制狂"相处是困难的，但如果你一不小心遇到了一个"控制狂"，他在想方设法控制你，你就要在和他"短兵相接"之前，先做好下面这3个心理建设，形成有利的态势。

第一，放下改变"控制狂"的期待。无论这个"控制狂"与你是什么关系，如果对方不是自己想改变，别人想要改变他的控制欲是极难做到的。哪怕他嘴上说会改变，但身体通常都很诚实，常年的习性并不是一朝一夕就会发生变化的。所以，你一定要放下改变"控制狂"的期待，因为期望越大，失望越大。当你能打消自己改变对方的念头时，你就做好了与他相处的基础准备。

第二，提醒自己，他对谁都一样。我们在前面的内容中曾经分析过，控制欲的本质是缺乏边界感、安全感和同理心。这些都是"控制狂"有强控制欲的深层次的内部原因，所以他对谁都是这样，与你表现出的特质并没有太强的相关性。当你能明确地意识到对方并不只是针对你，你就更不容易有紧绷感，从而拥有更强大的内心。

第三，避免立即反应。你还记得那句"咒语"吗？刺激与回应之间存在一段距离，成长和幸福的关键就在那里。面对"控制狂"，这句"咒语"同样适用。很多缺乏经验的人在面对"控制狂"的时候会立即反应，这很容易把自己和"控制狂"一起拖入争执的泥潭中。而懂得避免立即反应的你，则可以给彼此腾出必要的空间和时间，让彼此，尤其让自己冷静。

◯ 步骤二：宣布和明确底线

第一，清楚自己的底线。"控制狂"有一个最大的特点，就是得寸进尺，并且以此为乐。所以，在和"控制狂"相处时，你首先要知道自己的底线是什么，他做了什么事情会特别让你不舒服。比如有些"控制狂"极度缺乏边界感，晚上临睡觉前还喜欢给你打电话，拖着你聊天。如果你对此类事件十分反感，就务必要清楚自己的底线在哪里，明确你最不希望别人对你做哪些事情。

第二，直接说明底线。"控制狂"缺乏同理心，你如果不直接说出来，他永远也不知道你已经忍他很久了。所以，一定要非常明确地告诉对方你的底线是什么，有什么事情你是非常反感的。只有把这些提前都向"控制狂"说清楚了，他才可能稍有收敛。

第三，必要时果断提醒。"控制狂"经常容易忘记你的底线，或者尽管清楚你的底线，也会不经意间在你的底线附近试探。比如你明明已经告诉过他不要随便乱翻你的抽屉，但"控制狂"不管，他在好奇心强烈的时候，有可能会把和你的约定抛到九霄云外。如果你看到了并选择容忍，那他就会把你的容忍视为同意的信号。所以，面对"控制狂"，对方"踩线"时，你要果断提醒。

ⓘ 步骤三：从容应对"控制狂"

现在，你已经完成了前两个步骤，良好的态势已经形成。此时，就到了真正"短兵相接"的时刻了。在具体与"控制狂""过招"的时候，你可以通过下面这3个行动来从容应对。

行动一：对非关键问题不做解释和争辩。"控制狂"总喜欢凌驾于别人之上，也非常擅长在毫无意义的争论中占据上风。所以在遇到"控制狂"和你就某件具体但不重要的事情意见不一致时，不妨不做解释和争辩，把胜利的感觉留给他。比如你们在讨论要买什么颜色的餐具时，"控制狂"喜欢蓝色；你虽然喜欢红色，但无论蓝色还是红色并不重要，所以你完全可以不做解释和争辩，顺从一次也没关系。

行动二：对关键问题，搁置争议，协同第三方力量。 对于不重要的问题表示顺从是没问题的，但倘若是关键问题，怎么办？比如你们要进行一项大额投资，"控制狂"很希望投资 A 项目，而你则期待投资 B 项目。你觉得要说服他很累，怎么办？此时，你不如在正式沟通前，先和同样具有一定影响力的第三方沟通，然后用你们达成一致的结论一起去影响他。此时，"控制狂"在你们双方力量的影响下，更容易妥协。

行动三：通过提问，帮助对方找到控制背后的原因。 "控制狂"也是人，是人就并非每时每刻都是理性的。有时候，"控制狂"并非没有意识到自己的控制欲是没有依凭的，这本质上是他深层次的情绪问题。所以，在他设法控制你的时候，与其讨论表面问题，不如点破他深层次的情绪问题，这样更容易让他放下控制欲。

比如不少"控制狂"同时也有洁癖，如果你在享用了一杯速溶奶茶后，由于在回一条微信消息而没有及时把塑料包装扔进垃圾箱，他会非常难受。在他问你"为什么不先扔垃圾再回消息"时，你不妨通过提问让他从无意识状态切换到有意识状态。比如你可以这样问："你希望我先扔垃圾再回消息是有什么原因吗？"当他发现自己无法有理有据地回答你时，他会注意到自己现在正在被某种深层次的情绪驱动。

最后的话

和"控制狂"相处并非美好的体验，所以你需要学会如何巧妙地和他们相处。

步骤一：做好心理建设，形成对自己有利的态势。

步骤二：宣布和明确底线，清楚自己的底线并向"控制狂"说明，必要时果断提醒。

步骤三：从容应对"控制狂"。对非关键问题不做解释和争辩；对关键问题，搁置争议，协同第三方力量；通过提问，帮助对方找到控制背后的原因。

希望你学会这3个步骤后，能让彼此相处得更舒适。

怎样高情商地与权威沟通？

权威，虽然并不一定就是"控制狂"，但却或多或少比普通人拥有更强的控制欲。领导之于下属是权威，父母之于子女也是权威。面对权威，怎样高情商地与他们沟通，达到目标，又能承接情绪，让彼此都舒服，这的确是一门学问。

下面我会和你分享一个心法和一个技法，让你在和权威沟通的场景中，做到游刃有余。

一个心法：保持松弛感

我们前面讲过松弛感，它是一种"不以物喜，不以己悲"，可以随时保持轻松自在、从容不迫的情绪的自由状态。假如一个人具备了由内而外的松弛感，他就更不容易被情绪左右，在别人慌了神或者愤怒的时候更容易冷静；在普通人只能做出应激反应的刹那更趋于做出正确的决策并付诸行动。

比如有一位年轻的女化学家，她的领导是行业知名专家，但脾气暴躁，控制欲非常强。一次，她把一篇重要论文交给该领导后，这位领导完全看不惯她的写法，情绪激动地说"这篇论文写得像垃圾"，并把它们揉成一团，直接扔到了废纸篓里。请想象一下，如果你被如此对待，在当时当刻会做何反应？是的，普通人在这种场景下很可能就会进入情绪陷阱，不是吓得不敢说话，就是与之发生争执，甚至拂袖而去。

但这位年轻的女化学家却毫不在意，而是对领导说："**领导，您说我的论文写得不行，我承认。不过这也是我愿意追随您的原因。因为每次我读您的论文，都觉得逻辑结构特别清晰，非常有收获。与此同时，我们这项研究的成果非常重要，如果论文能写好，就会对行业产生巨大的影响。所以，您能否给我一些建议，帮助我写好这篇论文？**"

结果你猜怎么着？暴脾气的领导被女化学家这番既有事实又有请求还略带褒奖的话打动了，两个人从废纸篓里翻出了论文，然后一起着手修改起来。

抛开这位女化学家的语言技巧不谈，她的松弛冷静显然让她获益。这样的次数多了，她这样的人自然会让人们打心底里觉得可靠，长此以往必然逐渐形成影响力，在周围人的心里成为可以合作甚至能依靠的对象。

ⓟ 一个技法：非暴力倾听

你可能听过非暴力沟通，但未必听过非暴力倾听。非暴力沟通是美国威斯康星大学临床心理学博士马歇尔·卢森堡的观点，它是一种通过一定的步骤实现既可坦诚表达自己意愿，又能倾听他人内心感受，继而避免有意或无意忽略对方感受或需要而带来伤害的有效沟通方法。

而非暴力倾听则是反过来使用的。我们从沟通输出者的位置站到了倾听接收者的位置，通过非暴力倾听，来吸收和承接来自权威的控制语言背后的感受、事实和观点、需要、请求。

比如你的母亲（权威）突然给你发了好几条长达 60 秒的微信语音，内容都是在抱怨，和你说了好几件事情。其中包括：你姑妈的微信朋友圈屏蔽了她，你爸爸最近好像总有事情瞒着她，你和你哥哥已经很久没去看她了。这些内容逻辑不清不说，言语中还有责怪你的意味。

好了，问题来了。这个时候你应该怎么高情商地回应呢？如果你开始解释自己最近有多忙，没时间回家，把话题往自己身上引，那么你就"输"了。要想接住话茬，并把事情往好的方向推进，一个有效的技法就是把母亲输出的内容拆分为 4 个要素。

要素一：**感受**。感受是你从对方言语中解析出的情绪要素。喜、怒、哀、惧，这些都是人类最基本的情绪。在以上场景中，母亲的情绪既有怒的成分，也有惧的因素。怒的是你姑妈不受她的控制，竟然在微信朋友圈中屏蔽她；惧，则是焦虑，担心你爸爸有事情瞒着她。

要素二：**事实和观点**。事实是客观的，是真实发生的事情；而观点，则是主观的，是每个人自己的价值判断。比如在微信朋友圈中被姑妈屏蔽是事实，你爸爸有事情瞒着她则是观点；你和你哥哥已经很久没去看她究竟是事实还是观点呢？答案是也是观点。因为"很久"到底是多久，每个人都有自己不同的看法。

要素三：**需要**。需要的意思是"有机体感到某种缺乏而力求获得满足的心理需要"，通俗来讲，需要是一个人想要实现某个目标，但在还未实现时心理的匮乏感。在以上场景中，从母亲描述的事实和观点中，你可以看出她有着强烈的情感需要，她现在可能感觉很孤独，感觉对生活失去了掌控感，也不知道到底要做什么才能找回掌控感。

要素四：**请求**。请求是提出要求，希望需要得到满足。但是很显然，母亲并没有明确地提出请求。不过根据她陈述的感受、事实和观点以及需要，一个很可能正确的潜在请求是，她希望你或者你哥哥，最好能回去看看她。

我们以前一直说"听话要听音"，即要去探察对方一番话背后的真正诉求。有些权威或者由于说话习惯，或者并不方便开诚布公地直接说出诉求，但只要你能学会非暴力倾听，承接对方说话内容中的 4 个要素，那么你就能与之高效地沟通。

最后的话

要想高情商地与权威沟通，有一个心法和一个技法。

一个心法：保持松弛感，不被自己的情绪左右，继而实现自己的目标。

一个技法：非暴力倾听，将权威的语言内容拆分为感受、事实和观点、需要、请求 4 个要素，最后根据请求和实际情况决定是否承接对方的诉求，让彼此都舒服。

减弱另一半控制欲的 3 个关键

假设你的另一半是个控制欲很强的人，喜欢事无巨细地做各种安排，而你则在生活中相对随意，很多时候他规定的事情你无法做到：比如牙膏一定要从尾部挤、拖鞋一定要放整齐、厨房水渍一定要在洗完餐具后用抹布擦掉。

为此，你们经常发生争吵，一些在你看来不是多大的事情没做好，他都会大发雷霆，比如一条毛巾没有展开摆放，他也会把你从客厅叫进洗手间，像指导幼儿园小朋友一样和你说如何摆放。面对这些，你会不会觉得委屈、觉得心累呢？

是的，很多曾经如胶似漆的夫妻正是在这种鸡毛蒜皮的琐事中不断彼此消耗，最后对彼此的热情变得淡如白水，情绪却一触即发。

到底如何才能减弱另一半的控制欲呢？这其中有 3 个关键。

⚗ 关键一：守护你的边界

人与人之间总有边界，哪怕是多年的夫妻，也是性格不同的个体。而且，就像我们前面说的，一个控制欲强的人往往缺少应有的边界感。因此，守护自己的边界感是减弱对方控制欲的第一个关键。具体要怎么做呢？

第一，学会说"不"。说"不"可以委婉，也可以直接，其中的核心是要让你的伴侣意识到，他碰到你的边界了。因为人会不由自主地试探对方的边界，而当对方明明已经越界，你却没有明确表达的时候，你就会感觉难受，但对方却不自知。不要等到你十分难受，甚至无法控制情绪时才做出反应，而要在对方碰到你的边界时就冷静地说"不"。

第二，表达你的情绪。你还记得吗？表达情绪是一种重要的工具。是的，表达情绪，而不是情绪化地表达。你可以在你感受到伴侣控制欲的时候明确地把自己不好的感受表达出来。当然，沟通时应尽可能心平气和。比如对方又在嘀咕你挤牙膏没有从尾部开始的事情，此时，你可以和伴侣说："你总是在这种小事上纠结，这让我觉得很困扰，希望你把注意力放在更重要的事情上。"

第三，学会课题分离。当以上两个行动都无效的时候，我们还有最后一个可以实施的内心行动，叫作课题分离。课题分离是心理学家阿德勒提出的一种原则，即分清楚什么是你的课题，什么是我的课题；当分清楚各自的课题时，我不贸然闯进你的课题，也不让你随意进入我的课题，这样彼此都能更舒服。具体来讲，当伴侣由于控制欲"上头"听不进去任何话时，你的内心行动就可以是："如何说是你的事情，如何反应是我的事情，我只管理好我的课题。"此时，你仍旧可以在心理层面守护自己。

关键二：不讲道理，讲感受

控制欲强的伴侣通常是缺乏同理心的，不过，这并不代表对方无法沟通。

有一次，我加班到很晚才回家，拖着疲惫的身躯走进卧室，只见我爱人躺在床上，跷着二郎腿，拿着手机在看电视剧。她看到我走进房间，竟然指着床头柜上的茶杯对我说："来，帮我去客厅倒杯水。"

请想象一下，如果你加班到崩溃，爱人却慵懒地躺在床上对你提出这番要求，你会有怎样的感觉？不过我克制住了讲道理的冲动，而是开始讲自己的感受。

我说："我今天加班到晚上 10 点（事实），现在感觉非常疲劳（感受 1），在我感觉这么累的时候，你还让我去帮你倒水，我觉得挺委屈的（感受 2）。"这时，爱人发现了自己刚才缺乏同理心的一面，立刻向我道歉。

你看，如果我一本正经甚至情绪激动地去和爱人讲道理，讲"我那么累，你躺在床上看电视剧那么轻松，你居然还叫我帮你倒水，你觉得应该吗？"，这番充满攻击性的话只要一出口，大概率会激起伴侣的防御心理。此时，无论是出于对自己尊严的维护也好，还是因为产生的控制欲也罢，必然会引发一场"家庭深夜战争"。

但我早已知晓："家不是一个讲道理的地方，而是一个谈感受的场所。"伴侣的心是肉长的，你把你的疲劳、委屈用非情绪化的语言平静地讲出来，这样做，大概率可以触发对方的愧疚感，从而让对方理解你的感受，并为自己缺乏同理心的言辞感到惭愧。

关键三：看见对方的改变

我们知道，想要改变他人难如登天。不过，人虽然无法改变，但可以被影响。这种潜移默化的影响，就是"看见"对方的改变。

因为大改变通常都源于小改变，每次对方有小改变之后，如果能获得一次正反馈，这种小改变就容易被固化，而你的"看见"，恰恰就是最有效的正反馈。

比如以前你只要是晚上9点以后才回家，你的伴侣就会问东问西，这让你很反感。但经过某次沟通，你加完班到家后，发现爱人坐在客厅里等你，他不仅一句质问的话也没有，而且还嘘寒问暖，问要不要给你准备一些夜宵。这个时候，你就可以对伴侣的小改变给予正反馈，比如你可以给他一个微笑或者一句恰当的感激的话，通过这种方式，表达你对他这次小改变的欣赏。

时间一长，这一个个小的改变将促成更大的改变。此时，另一半的控制欲也就会由于你"看见"他的改变而逐渐被减弱。

最后的话

如果你的另一半具有很强的控制欲，你可以从以下3个关键入手。

关键一：守护你的边界。学会说"不"；表达你的情绪；学会课题分离。

关键二：不讲道理，讲感受。家不是一个讲道理的地方，而是一个谈感受的场所。

关键三：看见对方的改变。用你的正面反馈，强化伴侣的小改变。

祝福你，因为你通过自己的努力，成功减弱了另一半的控制欲。

这样与强势婆婆相处，大家都舒服

作为孩子的妈妈，往往有一个很大的痛点，就是如何与婆婆相处。如果对方是个控制欲很强的人，你又没有成熟的解决方案，那么你就会感到非常痛苦。

某奥运冠军曾经就透露过她在怀孕期间的苦楚，当时她没有胃口吃肉，但婆婆控制欲很强，哪怕她百般哀求，婆婆依旧用非常强硬的口吻命令她："不爱吃也要当药吃，因为孩子需要营养，为了孩子，你必须吃。"她迫于无奈吃下油腻的菜肴后，最后不得不跑到厕所狂吐。

那么究竟什么才是成熟的解决方案？到底要如何才能用一种让大家都舒服的方式与婆婆相处呢？下面，我就来说说与婆婆相处的 2 个误区、1 个原则和 3 个场景方案。

⊘ 2 个误区：委曲就能求全，冲突让对方认输

人类有 2 个最原始的本能：逃跑或者战斗。但这 2 个本能出现在与婆婆相处的场景中，却都是错的。这是为什么呢？

第一，委屈自己就能获得婆婆的尊重。很多妈妈为了孩子的幸福成长和家庭的完整，愿意委屈自己，面对婆婆时处处小心行事。但面对控制欲旺盛的婆婆，妈妈仅仅表现得卑微，处处去讨好婆婆，反而得不到期待的结果。因为媳妇和婆婆在价值观方面很多时候是不一致的，她们之间也没有血缘的纽带，仅仅是因为同一个男人才成为家人。所以，单方面如同女儿对待自己母亲一般与强势的婆婆相处，强势的婆婆往往会变本加厉，期待媳妇越来越顺从自己，这也会让媳妇越来越难受。

第二，发生冲突就能让婆婆敬畏自己。如果你与婆婆都是控制欲"爆棚"的人，当你们之间发生冲突时，最难受的是你的丈夫。他会成为"三夹板"，两头受气。如此一来，婆婆就更容易向你丈夫不断灌输关于你的负面信息。虽然你丈夫知道很多信息未必真实，但听得多了难免也会受到影响。如此一来，非常不利于家庭和睦。

1 个原则：坚定地让爱人与你成为共同体

婆媳关系作为一个千古难题，其本质是什么？

表面的原因：你与丈夫能走到一起，是因为感情；而你和婆婆却未必能产生感情。所以，一旦在同一屋檐下生活，抬头不见低头见，当价值观的冲突与缺乏感情纽带同时存在，婆媳关系就容易产生问题。

但除此之外，还有更深层次的原因：实际上，这和我们之前讨论的有关教育孩子的话题十分类似，婆媳关系的本质也是"权力的争夺"。你们暗地里在竞争：这个家到底谁说了算？

然而，在一个家庭系统中，夫妻双方是最重要的子系统，它就好比是一座房子的承重墙，没有承重墙，整座房子就会变得十分不稳定。所以，要妥善地处理好婆媳关系，就一定要和爱人约定好，坚定地成为彼此的共同体。

这可不是喊喊口号就可以的，**而是当你和婆婆产生冲突和碰撞时，你的丈夫要清醒地意识到解决冲突的关键不是在中间调停，而是坚定地站出来维护你。**这样才能夯实家庭中夫妻双方这面"承重墙"，才能巩固你在这个家里女主人的地位。

是的，只有你与爱人坚定地成为共同体，你与婆婆和公公这个"上一代的共同体"之间才能存在一定的边界。你还记得吗？

拥有边界感是遏制控制欲的三大关键之一。遵循这个原则，你们的家庭系统方能运转良好。

⑨3 个场景方案：让彼此都舒服

不过有时候，丈夫不是不想站出来，而是因为一些很现实的问题无法站出来，这时该怎么办？

场景一：你们住在婆婆家里，寄人篱下。遇到这种情况，有 2 种方案。第一，设法在职场上努力，获得更高的收入，从而有能力搬出去住。毕竟，婆媳冲突都是生活中的一件件小事引起的，如果降低接触频次，彼此之间的边界感就更容易形成。第二，和丈夫回娘家住。如果短期没有能力独立，你们也可以选择回娘家住。

场景二：孩子还比较小，双职工家庭没人带。这种情况的最佳方案依旧是花钱解决。毕竟，从正规公司花钱请来的保姆在带孩子方面无疑更专业。不过，该方案依旧会造成经济上的困难。所以，请自己的母亲帮忙带孩子的方案是可行方案。

场景三：由于种种原因，不得不与婆婆相处。那就请务必注意以下 2 点。

第一，降低期待值。人在心理上的痛苦都是现实情况与自己的期待存在落差造成的，当期待高于现实的时候，人就会痛苦；当期待低于现实的时候，我们就更容易接受。所以，如果你能时刻提醒自己降低对婆婆的期待值，那么你与婆婆的任何冲突就都是正常的；而如果你与婆婆之间没有出现冲突，甚至婆婆对你好，比如为你准备早餐等，就值得感恩。

第二，避免与丈夫当着婆婆的面发生争执。还记得吗？要和丈夫成为共同体，尽管夫妻之间的摩擦在所难免，但当着第三方，尤其当着控制欲很强的婆婆发生争执，那么婆婆多半帮亲不帮理。更何况，家是一个讲感受的地方，不是一个讲道理的地方。不妨事先和丈夫约定好，如果意见不合，宁愿去外面讨论，也不在家里斗嘴。

最后的话

和一个控制欲强盛的婆婆相处并非一件容易的事情，所以请牢记以下几点。

2个误区：委曲就能求全，冲突让对方认输。

1个原则：坚定地让爱人与你成为共同体。

3个场景方案：无论是寄人篱下还是孩子没人带，都请设法提升收入，用钱解决问题；另一个可行方案则是寻求娘家的帮助；当无论如何不得不与婆婆相处时，记得降低对婆婆的期待值，更要避免当着婆婆的面与丈夫发生争执。

后记

本书到此就要告一段落了。

作为父母，我们总是希望给孩子最好的一切，让他们过上幸福、健康、充实的生活。然而，我们也往往会忽视孩子是一个独立的个体，不自觉地把他们当作我们的附属品。这种做法不仅会给孩子带来心理压力和困扰，还可能影响他们的成长和发展。

因此，作为愿意控制自身控制欲的父母，我相信大家已经从本书中获得了足够多的认知，习得了足够多的策略。那么接下来，就是我们把认知外化成日常行为的过程。大家不妨把本书放到床头，每当在和孩子的沟通中发生摩擦时，拿出来翻一翻，让它成为大家在育儿路上的一本工具书。我相信，只要大家愿意改变自己的态度、策略和做法，注重与孩子的沟通方式，大家一定能够有策略地成为更好的父母。

最后，我想向所有读者发出呼吁："孩子不是我们的附属品，他们是我们生命中最珍贵的礼物。让我们从现在开始改变自己，不要让自己后悔。"希望本书能够给大家带来一些启示和帮助，让我们一起为孩子的成长创造一个更美好的未来。

致谢

这是我写完的第 11 本书，根据我完成 50 本书的目标，目前的完成进度为 22%。

在此，我想特别感谢几位贵人。

第一位贵人，是我的父亲何权森，他对我的态度主要是"散养"。在"散养"模式下，我对自己的每一次成绩负责，对自己的每一次选择负责，也对自己每一次吃的亏负责。这样的环境让我拥有了一个相对幸福的童年，就像那句话说的那样，"幸福的童年可以治愈一个人的一生"。

第二位贵人，是我初中的班主任施慧琳女士，她对我的欣赏让我在关于写作的"波利亚罐"中摸到了白球，正是逐渐积累的这罐白球，在我求学的时代也好，在我踏入职场后也罢，始终引领我去追寻自己的天赋使命，于是才有了今天的 11 本作品。

第三位贵人，是人民邮电出版社朱伊哲老师。自从与朱老师合作了《了不起的自驱力》这本书后，我们持续在育儿赛道探索，探寻家长们急需的主题内容。朱老师在此过程中倾注了大量的心血，在此我要对她表示衷心的感谢。

另外，我也要感谢我的爱人王怡女士和儿子何昊伦小朋友。在本书创作过程中，他们不仅给予我鼓励和帮助，还让我有更强的信念感，为我提供了许多宝贵的素材和灵感。

最后一位贵人，则是读到这里的你。祝福你和你的孩子都能有策略地成为更好的自己。相信我们在本书中的交流只是我们成就彼此的开始，因为人生所有的修炼只为在更高的地方遇见彼此（如果你想和我产生更多的连接，欢迎你关注我的微信公众号"何圣君"）。